职业教育"十四五"规划系列教材

# Photoshop CS6 案例教程

主　编　王　才　孔　帅　李锦鹤

副主编　商　阳　寇录峰　李思夏

参　编　董芳羽　胡迪雅　张红举

　　　　杨振南　杨艳聪

华中科技大学出版社

http://press.hust.edu.cn

中国·武汉

**图书在版编目(CIP)数据**

Photoshop CS6 案例教程/王才,孔帅,李锦鹤主编. —武汉:华中科技大学出版社,2023.10
ISBN 978-7-5772-0152-8

Ⅰ.① P… Ⅱ.① 王… ② 孔… ③ 李… Ⅲ.① 图像处理软件-案例-教材 Ⅳ.① TP391.413

中国国家版本馆 CIP 数据核字(2023)第 196201 号

**Photoshop CS6 案例教程**　　　　　　　　　　　　　　王　才　孔　帅　李锦鹤　主编
Photoshop CS6 Anli Jiaocheng

---

策划编辑:胡天金
责任编辑:陈　忠
封面设计:旗语书装
版式设计:赵慧萍
责任监印:朱　玢
出版发行:华中科技大学出版社(中国·武汉)　　　电话:(027)81321913
　　　　　武汉市东湖新技术开发区华工科技园　　　邮编:430223
录　　排:华中科技大学出版社美编室
印　　刷:武汉市籍缘印刷厂
开　　本:889mm×1194mm　1/16
印　　张:16.75
字　　数:467 千字
版　　次:2023 年 10 月第 1 版第 1 次印刷
定　　价:48.00 元

---

党的二十大报告指出，推动战略性新兴产业融合集群发展，构建新一代信息技术、人工智能、生物技术、新能源、新材料、高端装备、绿色环保等一批新的增长引擎。加快发展数字经济，促进数字经济和实体经济深度融合，打造具有国际竞争力的数字产业集群。

Photoshop 是由 Adobe 公司开发的一款图形图像处理和编辑软件。它功能强大，易学易用，已经成为平面设计领域最流行的软件之一。目前，我国很多职业院校的数字艺术类专业都将 Photoshop 列为一门重要的专业课程。本书根据专业教学标准要求编写，邀请行业从业者和一线课程负责人一起，从人才培养目标、专业方案等方面做好顶层设计，明确专业课程标准，强化专业技能培养，安排教材内容；根据岗位技能要求，引入了企业真实案例，并通过"微课"等立体化的教学手段来强化课堂教学。

根据现代职业院校的教学方向和教学特色，我们对本书的编写体系做了精心的设计。全书根据 Photoshop 在设计领域的应用方向来组织内容，每个项目分为多个任务，每个任务按照"任务分析—设计理念—任务实施—知识讲解—课堂演练"的思路进行编排，并在每个项目后通过实战演练将相关知识应用于实践，使学生可以快速熟悉图形图像设计理念和制作方法。通过软件知识讲解，使学生深入学习软件功能和制作特色；通过课堂演练和实战演练，提高学生的实际应用能力。

在内容编写方面，我们力求细致全面、重点突出；在文字叙述方面，我们注意言简意赅、通俗易懂；在案例选取方面，我们注重案例的针对性和实用性。

由于编者水平有限，书中难免存在疏漏和不妥之处，敬请广大读者批评指正。

编 者

# CONTENTS 目 录

# 项目一
## 初识 Photoshop

Photoshop 是由 Adobe 公司开发的一款图形图像处理和编辑软件。本项目通过对任务的讲解，使读者对 Photoshop CS6 有初步的认识和了解，并掌握软件的基础知识和基本操作方法，为以后的学习打下一个坚实的基础。

### 项目目标

- 熟悉工作界面的基本操作
- 掌握设置文件的基本方法
- 掌握图像的基本操作方法

## 任务一　界面操作

### 任务目标

通过打开文件命令熟悉菜单栏的操作，通过选择需要的图层了解面板的使用方法，通过新建文件和保存文件熟悉快捷键的应用技巧，通过移动图像掌握工具箱中工具的使用方法。

### 任务实施

**STEP 1** 打开 Photoshop 软件，选择"文件>打开"命令，弹出"打开"对话框。选择资源包中的"素材文件\项目一\基础操作素材\01.psd"文件，单击"打开"按钮，打开文件，如图 1-1 所示。

**STEP 2** 在右侧的"图层"控制面板中单击"花朵"图层，如图 1-2 所示。按 Ctrl＋N 组合键，弹出"新建"对话框，选项的设置如图 1-3 所示。单击"确定"按钮，新建文件，如图 1-4 所示。

图 1-1

图 1-2

图 1-3

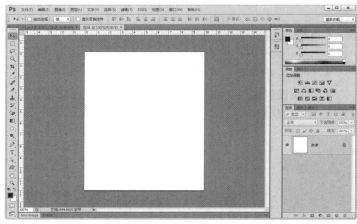

图 1-4

**STEP 3** 单击"花朵"的标题栏,按住鼠标左键不放,将图像窗口拖曳到适当的位置,如图 1-5 所示。单击"01.psd"的标题栏,使其变为活动窗口,如图 1-6 所示。

图 1-5

图 1-6

**STEP 4** 在左侧的工具箱中选中"移动"工具 ，将图层中的图像从"01.psd"图像窗口拖曳到新建的图像窗口中,如图 1-7 所示。释放鼠标,效果如图 1-8 所示。

图 1-7

图 1-8

**STEP⑤** 按 Ctrl＋S 组合键,弹出"存储为"对话框,在其中选择文件需要存储的位置并设置文件名,如图 1-9 所示。单击"保存"按钮,弹出提示对话框,单击"确定"按钮,保存文件。此时标题栏显示保存后的名称,如图 1-10 所示。

图 1-9

图 1-10

**知识讲解**

### 1.菜单栏及其快捷方式

熟悉工作界面是学习 Photoshop CS6 的基础。熟练掌握工作界面的内容,有助于初学者日后得心应手地运用 Photoshop CS6。Photoshop CS6 的工作界面主要由菜单栏、属性栏、工具箱、控制面板和状态栏等组成,如图 1-11 所示。

图 1-11

菜单栏：共包含 11 个菜单。利用菜单命令可以完成对图像的编辑、调整色彩和添加滤镜效果等操作。

属性栏：工具箱中各个工具的功能扩展。通过在其属性栏中设置不同的选项，可以快速完成多样化的操作。

工具箱：包含多个工具。利用不同的工具可以完成对图像的绘制、观察和测量等操作。

控制面板：Photoshop CS6 的重要组成部分。通过不同的功能面板，可以完成图像中填充颜色、设置图层和添加样式等操作。

状态栏：提供当前文件的显示比例、文档大小、当前工具和暂存盘大小等提示信息。

1）菜单分类

Photoshop CS6 的菜单栏依次分为："文件"菜单、"编辑"菜单、"图像"菜单、"图层"菜单、"文字"菜单、"选择"菜单、"滤镜"菜单、"3D"菜单、"视图"菜单、"窗口"菜单及"帮助"菜单，如图 1-12 所示。

文件(F)　编辑(E)　图像(I)　图层(L)　文字(Y)　选择(S)　滤镜(T)　3D(D)　视图(V)　窗口(W)　帮助(H)

图 1-12

"文件"菜单包含了各种文件的操作命令；"编辑"菜单包含了各种编辑文件的操作命令；"图像"菜单包含了各种改变图像的大小、颜色等的操作命令；"图层"菜单包含了各种调整图像中图层的操作命令；"文字"菜单包含了各种对文字的编辑和调整功能；"选择"菜单包含了各种关于选区的操作命令；"滤镜"菜单包含了各种添加滤镜效果的操作命令；"3D"菜单包含了各种创建 3D 模型、控制框架和编辑光线的操作命令；"视图"菜单包含了各种对视图进行设置的操作命令；"窗口"菜单包含了各种显示或隐藏控制面板的操作命令；"帮助"菜单提供了各种帮助信息。

2）菜单命令的不同状态

子菜单命令：有些菜单命令中包含更多相关的菜单命令，包含子菜单的菜单命令，其右侧会显示黑色的三角形▶。单击带有三角形的菜单命令，就会显示其子菜单，如图 1-13 所示。

不可执行的菜单命令：当菜单命令不符合运行的条件时，就会显示为灰色，即不可执行状态。例如，在 CMYK 模式下，"滤镜"菜单中的部分菜单命令将变为灰色，不能使用。

可弹出对话框的菜单命令：当菜单命令后面显示有省略号"…"时（见图 1-14），表示单击此菜单，能够弹出相应的对话框，可以在对话框中进行相应的设置。

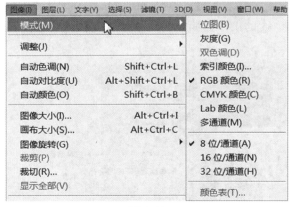

图 1-13

图 1-14

3）显示或隐藏菜单命令

用户可以根据操作需要隐藏或显示指定的菜单命令。不经常使用的菜单命令可以暂时隐藏。选择"窗口>工作区>键盘快捷键和菜单"命令，弹出"键盘快捷键和菜单"对话框，如图 1-15 所示。

单击"应用程序菜单命令"栏中命令左侧的三角形按钮▶，将展开详细的菜单命令，如图 1-16 所示。单击"可见性"选项下方的眼睛图标◉，将其对应的菜单命令隐藏，如图 1-17 所示。

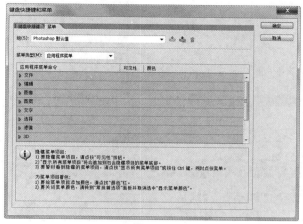

图 1-15

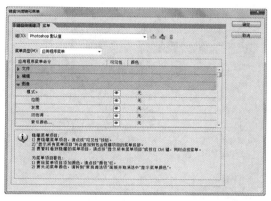

图 1-16

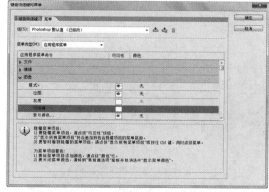

图 1-17

设置完成后，单击"存储对当前菜单组的所有更改"按钮🖫，保存当前的设置。也可单击"根据当前菜单组创建一个新组"按钮🖫，将当前的修改创建为一个新组。隐藏应用程序菜单命令前后的菜单效果如图 1-18 和图 1-19 所示。

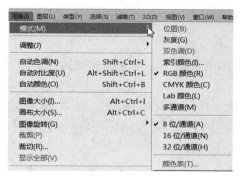

图 1-18

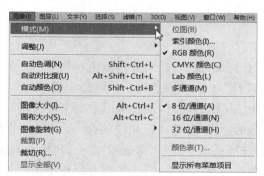

图 1-19

4）突出显示菜单命令

为了突出显示需要的菜单命令，可以为其设置颜色。选择"窗口>工作区>键盘快捷键和菜单"命令，弹出"键盘快捷键和菜单"对话框，在要突出显示的菜单命令后面单击"无"，在弹出的下拉列表中可以选择需要的颜色标注命令，如图 1-20 所示。这样可以为不同的菜单命令设置不同的颜色，如图 1-21 所示。设置好颜色后，菜单命令的效果如图 1-22 所示。

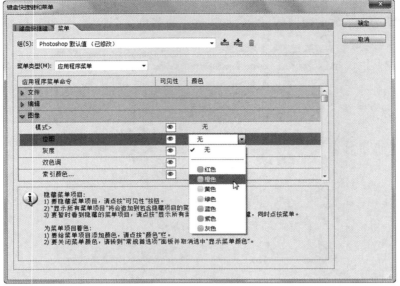

图 1-20

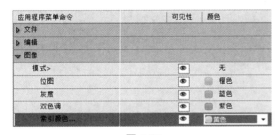

图 1-21

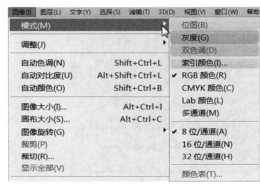

图 1-22

> 💡**提示**
>
> 　　如果要暂时取消显示菜单命令的颜色,可以选择"编辑>首选项>常规"命令,在弹出的对话框中选择"界面"选项,然后取消勾选"显示菜单颜色"复选框即可。

5)键盘快捷方式

使用键盘快捷方式:当要选择菜单命令时,可以使用菜单命令旁标注的快捷键。例如,要选择"文件>打开"命令,直接按 Ctrl＋O 组合键即可。

按住 Alt 键的同时,按菜单栏中文字后面带括号的字母,可以打开相应的菜单,再按菜单命令中带括号的字母,即可执行相应的命令。例如,要打开"选择"菜单,按 Alt＋S 组合键即可弹出菜单,要想选择菜单中的"色彩范围"命令,再按 C 键即可。

自定义键盘快捷方式:为了更方便地使用最常用的命令,Photoshop CS6 提供了自定义键盘快捷方式和保存键盘快捷方式的功能。

选择"窗口>工作区>键盘快捷键和菜单"命令,弹出"键盘快捷键和菜单"对话框,如图 1-23 所示。在对话框下面的信息栏中说明了快捷键的设置方法,在"组"选项中可以选择要设置快捷键的组合。在"快捷键用于"选项中可以选择需要设置快捷键的菜单或工具,在下面的选项窗口中选择需要设置的命令或工具进行设置,如图 1-24 所示。

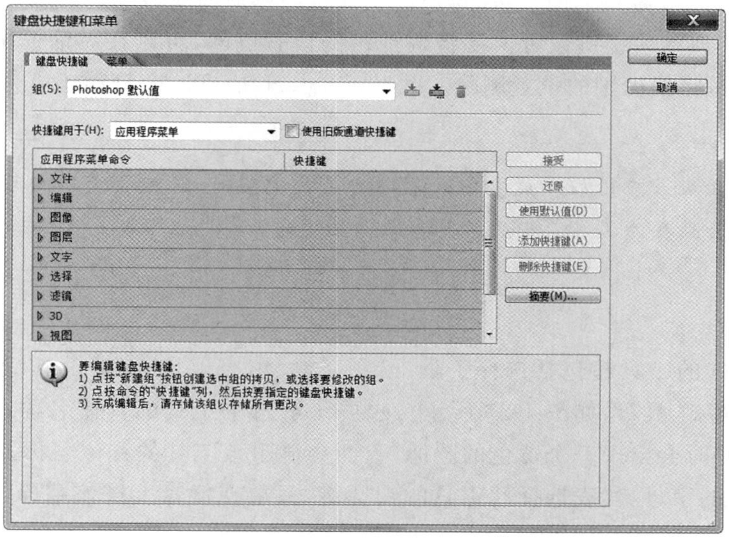

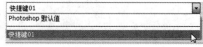

图 1-23

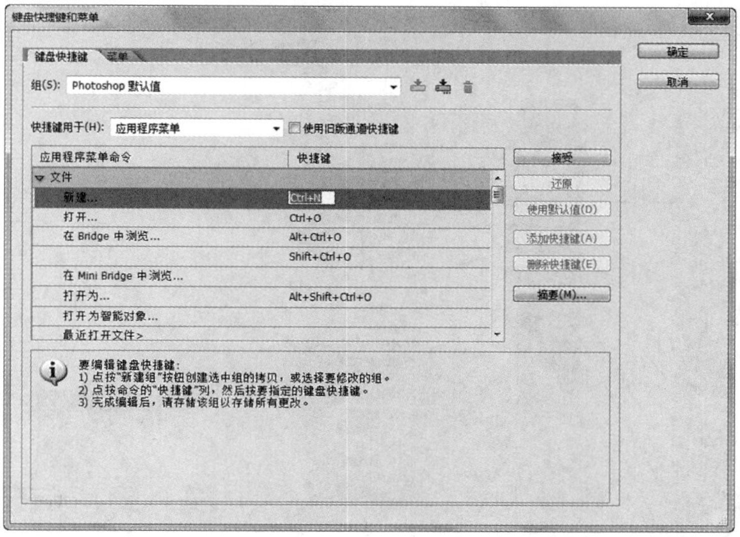

图 1-24

设置新的快捷键后，单击对话框右上方的"根据当前的快捷键组创建一组新的快捷键"按钮，
弹出"存储"对话框，在"文件名"文本框中输入名称，如图 1-25 所示。单击"保存"按钮，存储新的快
捷键设置。这时，在"组"选项中即可选择新的快捷键设置，如图 1-26 所示。

图 1-25

图 1-26

更改快捷键设置后，需要单击"存储对当前快捷键组的所有更改"按钮📇对设置进行存储，单击"确定"按钮，应用更改的快捷键设置。要将快捷键的设置删除，可以在对话框中单击"删除当前的快捷键组合"按钮🗑，将快捷键的设置删除。此时，Photoshop CS6 会自动还原为默认设置。

> 💡**提示**
>
> 　　在为控制面板或应用程序菜单中的命令定义快捷键时，这些快捷键必须包括 Ctrl 键或一个功能键。并且在为工具箱中的工具定义快捷键时，必须使用 A～Z 之间的字母。

**2. 工具箱**

Photoshop CS6 的工具箱包括选择工具、绘图工具、填充工具、编辑工具、颜色选择工具、屏幕视图工具和快速蒙版工具等，如图 1-27 所示。想要了解每个工具的具体名称，可以将鼠标放置在具体工具的上方，此时会出现一个黄色的图标，上面会显示该工具的具体名称，如图 1-28 所示。工具名称后面括号中的字母，代表选择此工具的快捷键，只要在键盘上按该字母，就可以快速切换到相应的工具上。

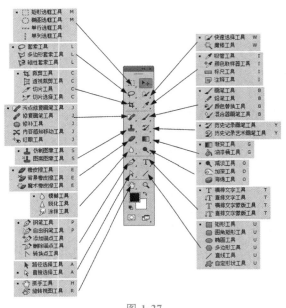

图 1-27　　　　　　　　　　　　　　　　　　　图 1-28

切换工具箱的显示状态：Photoshop CS6 的工具箱可以根据需要在单栏与双栏之间自由切换。当工具箱显示为双栏时(见图 1-29)，单击工具箱上方的双箭头图标◄◄，工具箱即可转换为单栏，节省工作空间，如图 1-30 所示。

图 1-29　　　　　　　　　　　　　　　　　　　图 1-30

显示隐藏工具：在工具箱中，部分工具图标的右下方有一个黑色的小三角▲，表示在该工具下还有隐藏的工具。用鼠标在工具箱中有小三角的工具图标上单击并按住鼠标不放，弹出隐藏的工具选项，如图 1-31 所示。将鼠标移动到需要的工具图标上，即可选择该工具。

恢复工具箱的默认设置：要想恢复工具默认的设置，可以选择该工具，在相应的工具属性栏中，用鼠标右键单击工具图标，在弹出的菜单中选择"复位工具"命令，如图 1-32 所示。

鼠标的显示状态：当选择工具箱中的工具后，图像窗口中的鼠标指针就变为工具图标。例如，选择"裁剪"工具 ，图像窗口中的鼠标指针也随之显示为"裁剪"工具的图标，如图 1-33 所示。选择"画笔"工具 ，鼠标指针显示为"画笔"工具的对应图标，如图 1-34 所示。按 Caps Lock 键，鼠标指针转换为十字形图标，如图 1-35 所示。

图 1-31　　　　　图 1-32　　　　　图 1-33　　　　　图 1-34　　　　　图 1-35

### 3.属性栏

当选择某个工具后，会出现相应的工具属性栏，可以通过属性栏对工具进行进一步的设置。例如，当选择"魔棒"工具 时，工作界面的上方会出现相应的"魔棒"工具属性栏，可以应用属性栏中的各个命令对工具做进一步的设置，如图 1-36 所示。

图 1-36

### 4.状态栏

打开一幅图像时，图像的下方会出现该图像的状态栏，如图 1-37 所示。

显示比例区 ———— 100% ⊙ 文档:75.6K/75.6K ▶ ———— 图像信息区

图 1-37

状态栏的左侧显示当前图像缩放显示的百分比。在显示区的文本框中输入数值可改变图像窗口的显示比例。

在状态栏的中间部分显示当前图像的文件信息，单击▶按钮，在弹出的列表中可以选择当前图像的相关信息，如图 1-38 所示。

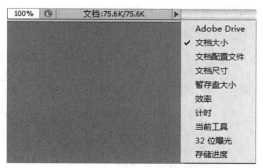

图 1-38

### 5.控制面板

控制面板是处理图像时另一个不可或缺的部分。Photoshop CS6 界面为用户提供了多个控制面板组。

收缩与展开控制面板:控制面板可以根据需要进行伸缩。面板的展开状态如图 1-39 所示。单击控制面板上方的双箭头图标 ▶▶,可以将控制面板收缩,如图 1-40 所示。如果要展开某个控制面板,可以直接单击其选项卡,相应的控制面板会自动弹出,如图 1-41 所示。

图 1-39　　　　　　　　　　　　　图 1-40　　　　　　　　　图 1-41

拆分控制面板:若需要单独拆分出某个控制面板,可用鼠标选中该控制面板的选项卡并向工作区拖曳,如图 1-42 所示;选中的控制面板将被拆分出来,如图 1-43 所示。

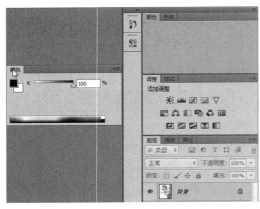  

图 1-42　　　　　　　　　　　　　　　　　　图 1-43

组合控制面板:可以根据需要将两个或多个控制面板组合到一个面板组中,这样可以节省操作空间。要组合控制面板,可以选中外部控制面板的选项卡,用鼠标将其拖曳到要组合的面板组中,面板组周围出现蓝色的边框,如图 1-44 所示。此时释放鼠标,控制面板将被组合到面板组中,如图 1-45 所示。

控制面板弹出的菜单:单击控制面板右上方的 ▤ 按钮,可以弹出控制面板的相关命令菜单,应用这些命令可以提高控制面板的功能性,如图 1-46 所示。

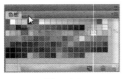  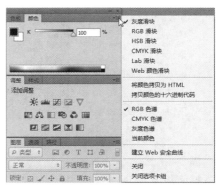

图 1-44　　　　　　　　　　　图 1-45　　　　　　　　　　图 1-46

隐藏与显示控制面板：按 Tab 键，可以隐藏工具箱和控制面板；再次按 Tab 键，可显示隐藏的部分。按 Shift＋Tab 组合键，可以隐藏控制面板；再次按 Shift＋Tab 组合键，可显示隐藏的部分。

> **提示**
>
> 按 F5 键显示或隐藏"画笔"控制面板；按 F6 键显示或隐藏"颜色"控制面板；按 F7 键显示或隐藏"图层"控制面板；按 F8 键显示或隐藏"信息"控制面板。按 Alt＋F9 组合键显示或隐藏"动作"控制面板。

自定义工作区：可以依据操作习惯自定义工作区、存储控制面板及设置工具的排列方式，设计出个性化的 Photoshop 界面。

设置完工作区后，选择"窗口>工作区>新建工作区"命令，弹出"新建工作区"对话框，如图 1-47 所示。输入工作区名称，单击"存储"按钮，即可将自定义的工作区进行存储。

图 1-47

使用自定义工作区时，在"窗口>工作区"的子菜单中选择新保存的工作区名称。如果要恢复使用 Photoshop 默认的工作区状态，可以选择"窗口>工作区>复位基本功能"命令进行恢复。选择"窗口>工作区>删除工作区"命令，可以删除自定义的工作区。

## 任务二 文 件 设 置

### 任务目标

通过打开文件熟练掌握"打开"命令，通过复制图像到新建的文件中熟练掌握"新建"命令，通过关闭新建的文件熟练掌握"保存"和"关闭"命令。

### 任务制作

**STEP ①** 打开 Photoshop 软件，选择"文件>打开"命令，弹出"打开"对话框，如图 1-48 所示。选择资源包中的"素材文件\项目一\基础操作素材\03.psd"文件，单击"打开"按钮，打开文件，如图 1-49 所示。

图 1-48

图 1-49

**STEP 2** 在右侧的"图层"控制面板中单击"girl"图层,如图 1-50 所示。按 Ctrl＋A 组合键全选图像,如图 1-51 所示。按 Ctrl＋C 组合键复制图像。

图 1-50

图 1-51

**STEP 3** 选择"文件>新建"命令,弹出"新建"对话框,选项的设置如图 1-52 所示。单击"确定"按钮,新建文件。按 Ctrl＋V 组合键,将复制的图像粘贴到新建的图像窗口中,效果如图 1-53 所示。

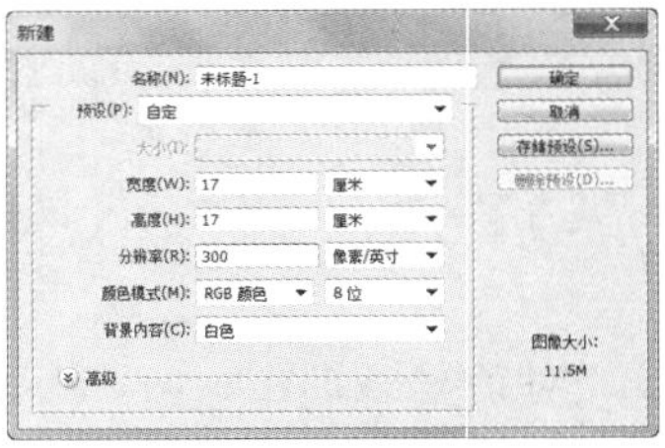

图 1-52

图 1-53

**STEP 4** 单击"未标题-1"图像窗口标题栏右上角的"关闭"按钮,弹出提示对话框,如图 1-54 所示。单击"是"按钮,弹出"存储为"对话框,在其中选择要保存的位置、格式和名称,如图 1-55 所示。单击"保存"按钮,弹出"Photoshop 格式选项"对话框,如图 1-56 所示。单击"确定"按钮保存文件,同时关闭图像窗口中的文件。

图 1-54

图 1-55 　　　　　　　　　　　　　　　　　图 1-56

**STEP⑤** 单击"03.psd"图像窗口标题栏右上角的"关闭"按钮,关闭打开的"03.psd"文件。单击软件窗口标题栏右侧的"关闭"按钮可关闭软件。

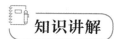 知识讲解

### 1.新建图像

新建图像是使用 Photoshop 进行图像设计的第一步。如果要在一个空白的画布上绘图,就要在 Photoshop 中新建一个图像文件。

选择"文件>新建"命令,或按 Ctrl＋N 组合键,弹出"新建"对话框,如图 1-57 所示。在对话框中可以设置新建图像的名称、图像的宽度和高度、分辨率和颜色模式等选项,设置完成后单击"确定"按钮,即可完成新建图像,如图 1-58 所示。

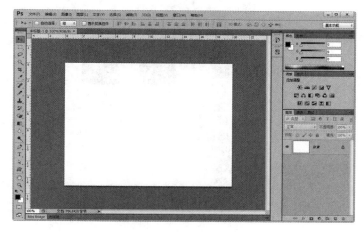

图 1-57 　　　　　　　　　　　　　　　　　图 1-58

### 2.打开图像

如果要对照片或图片进行修改和处理,就要在 Photoshop 中打开需要的图像。

选择"文件>打开"命令,或按 Ctrl＋O 组合键,弹出"打开"对话框,在对话框中搜索路径和文件,确认文件类型和名称,如图 1-59 所示。单击"打开"按钮,或直接双击文件,即可打开所选定的图像文件,如图 1-60 所示。

图 1-59

图 1-60

**提示**

在"打开"对话框中,也可以一次同时打开多个文件,只要在文件列表中将所需的几个文件选中,并单击"打开"按钮。在"打开"对话框中选择文件时,按住 Ctrl 键的同时,用鼠标逐一单击需要选择的文件,可以选择不连续的多个文件。按住 Shift 键的同时,用鼠标单击第一个和最后一个文件,可以选择连续的多个文件。

**3.保存图像**

编辑和制作完图像后,就需要将图像进行保存,以便下次打开继续操作。

选择"文件>存储"命令,或按 Ctrl+S 组合键,可以存储文件。当设计好的作品进行第一次存储时,选择"文件>存储"命令,将弹出"存储为"对话框,如图 1-61 所示。在对话框中输入文件名、选择文件格式后,单击"保存"按钮,即可将图像保存。

图 1-61

> **提示**
>
> 当对已存储过的图像文件进行各种编辑操作后,选择"存储"命令,将不弹出"存储为"对话框,系统直接保存最终确认的结果,并覆盖原始文件。

#### 4.图像格式

当用 Photoshop CS6 制作或处理好一幅图像后,就要进行存储。这时,选择一种合适的文件格式就显得十分重要。Photoshop CS6 有 20 多种文件格式可供选择。在这些文件格式中,既有 Photoshop 的专用格式,也有用于应用程序交换的文件格式,还有一些比较特殊的格式。下面将介绍几种常用的文件格式。

1)PSD 格式和 PDD 格式

PSD 格式和 PDD 格式是 Photoshop 自身的专用文件格式,能够支持从线图到 CMYK 的所有图像类型,但由于在一些图形处理软件中不能很好地支持,所以其通用性不强。PSD 格式和 PDD 格式能够保存图像数据的细小部分,如图层、附加的遮膜通道等 Photoshop 对图像进行特殊处理的信息。在没有最终决定图像存储的格式前,最好先以这两种格式存储。另外,Photoshop 打开和存储这两种格式的文件比其他格式更快。但是这两种格式也有缺点,就是它们所存储的图像文件容量大,占用的磁盘空间较大。

2)TIFF 格式

TIFF 格式是标签图像格式。TIFF 格式对于色彩通道图像来说是最有用的格式,具有很强的可移植性,它可以用于 PC、Macintosh 以及 UNIX 工作站三大平台,是这三大平台上使用最广泛的绘图格式。

使用 TIFF 格式存储时应考虑文件的大小,因为 TIFF 格式的结构要比其他格式更复杂。但 TIFF 格式支持 24 个通道,能存储多于 4 个通道的文件。TIFF 格式还允许使用 Photoshop CS6 中的复杂工具和滤镜特效。TIFF 格式适用于印刷和输出。

3)GIF 格式

GIF 是 Graphics Interchange Format 的缩写。GIF 格式的图像文件容量比较小,它形成一种压缩的 8bit 图像文件。正因为这样,一般用这种格式的文件来缩短图像的加载时间。如果在网络中传送图像文件,GIF 格式文件的传送速度要比其他格式的图像文件快得多。

4)PNG 格式

PNG 格式是用于无损压缩和在 Web 上显示图像的文件格式,是 GIF 格式的无专利替代品。它支持 24 位图像且能产生无锯齿状边缘的背景透明度;还支持无 Alpha 通道的 RGB、索引颜色、灰度和位图模式的图像。某些 Web 浏览器不支持 PNG 图像。

5)JPEG 格式

JPEG 是 Joint Photographic Experts Group 的缩写,中文意思为"联合摄影专家组"。JPEG 格式既是 Photoshop CS6 支持的一种文件格式,也是一种压缩方案。它是 Macintosh 上常用的一种图像文件存储类型。JPEG 格式是压缩格式中的"佼佼者",与 TIFF 文件格式采用的 LZW 无损压缩相比,它的压缩比更大。但它使用的有损压缩会丢失部分数据。用户可以在存储前选择图像的压缩质量,这样就能控制数据的损失程度。

6)EPS 格式

EPS 是 Encapsulated Post Script 的缩写。EPS 格式是 Illustrator 和 Photoshop 之间可交换的文件格式。Illustrator 软件制作出来的流动曲线、简单图形和专业图像一般都存储为 EPS 格式。Photoshop 可以获取这种格式的文件。在 Photoshop CS6 中,也可以把其他图形文件存储为 EPS 格式,在排版软件 PageMaker 和绘图软件 Illustrator 等其他软件中使用。

可以根据工作任务的需要选择合适的图像文件存储格式,不同用途的图像文件存储格式如下。

印刷:TIFF 格式、EPS 格式。

出版物:PDF 格式。

Internet 图像:GIF 格式、JPEG 格式、PNG 格式。

用于 Photoshop 工作:PSD 格式、PDD 格式、TIFF 格式。

### 5. 关闭图像

将图像进行存储后,可以将其关闭。选择"文件>关闭"命令或按 Ctrl+W 组合键,可以关闭文件。关闭图像时,若当前文件被修改过或是新建文件,则会弹出提示框,如图 1-62 所示。单击"是"按钮,即可存储并关闭图像。

图 1-62

## 任务三 图 像 操 作

### 任务目标

通过将窗口平铺操作掌握窗口排列的方法;通过缩小文件和适合窗口大小显示操作掌握图像的显示方式。

### 任务实施

**STEP ①** 打开 Photoshop 软件,选择"文件>打开"命令,弹出"打开"对话框,选择资源包中的"素材文件\项目一\基础操作素材\04.psd"文件,如图 1-63 所示。单击"打开"按钮,打开文件,如图 1-64 所示。

图 1-63

图 1-64

**STEP②** 新建两个文件，并分别将小女孩和心形图像复制到新建的文件中，如图 1-65 和图 1-66 所示。

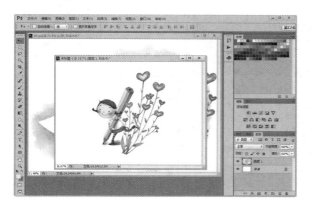

图 1-65

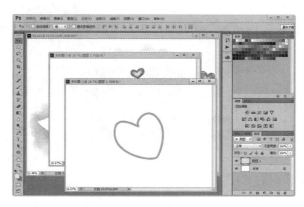

图 1-66

**STEP③** 选择"窗口＞排列＞平铺"命令，可将 3 个窗口在软件界面中水平排列显示，如图 1-67 所示。单击"04.psd"图像窗口的标题栏，窗口显示为活动窗口，如图 1-68 所示。按 Ctrl＋D 组合键，取消选区。

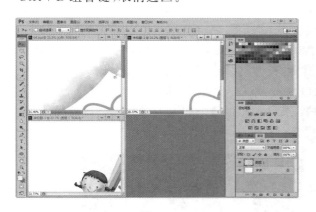

图 1-67

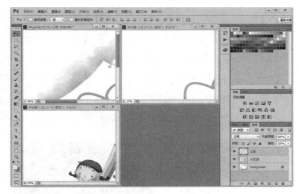

图 1-68

**STEP④** 选择"缩放"工具 ，按住 Alt 键的同时在图像窗口中单击，使图像缩小，如图 1-69 所示。按住 Alt 键不放，在图像窗口中多次单击，直到适当的大小，如图 1-70 所示。

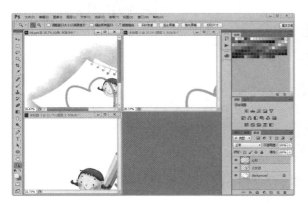

图 1-69

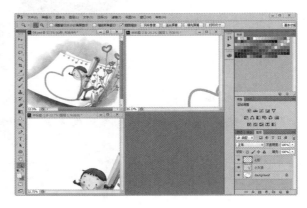

图 1-70

**STEP⑤** 单击"未标题-1"图像窗口的标题栏，窗口显示为活动窗口，如图 1-71 所示。双击"抓手"工具 ，将图像调整为适合窗口大小显示，如图 1-72 所示。

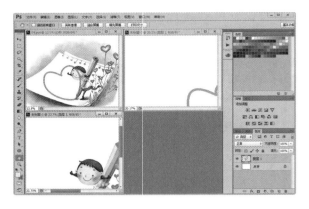

图 1-71

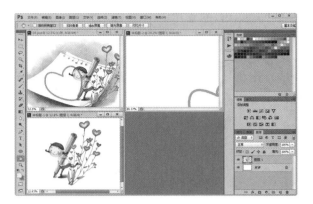

图 1-72

 **知识讲解**

### 1.图像的分辨率

在 Photoshop CS6 中,图像中每单位长度上的像素数目,称为图像的分辨率,其单位为像素/英寸或像素/厘米。

在相同尺寸的两幅图像中,高分辨率的图像包含的像素比低分辨率的图像包含的像素多。例如,一幅尺寸为 1 英寸×1 英寸的图像,其分辨率为 72 像素/英寸,这幅图像包含 5 184 个像素(72×72＝5 184)。同样尺寸,分辨率为 300 像素/英寸的图像包含 90 000 个像素。相同尺寸下,分辨率为 72 像素/英寸的图像效果如图 1-73 所示;分辨率为 10 像素/英寸的图像效果如图 1-74 所示。由此可见,在相同尺寸下,高分辨率的图像更能清晰地表现图像内容。

图 1-73

图 1-74

**提示**

如果一幅图像中所包含的像素数是固定的,那么增大图像尺寸后会降低图像的分辨率。

### 2.图像的显示效果

使用 Photoshop CS6 编辑和处理图像时,可以通过改变图像的显示比例使工作更便捷、高效。

1)100％显示图像

100％显示图像,效果如图 1-75 所示。在此状态下,可以对文件进行精确的编辑。

图 1-75

2）放大显示图像

选择"缩放"工具 🔍，在图像中鼠标指针变为放大图标 ⊕，每单击一次鼠标，图像就会放大 1 倍。例如，当图像以 100% 的比例显示时，在图像窗口中单击 1 次，图像则以 200% 的比例显示，效果如图 1-76 所示。当要放大一个指定的区域时，选择放大工具 ⊕，选中需要放大的区域，按住鼠标左键不放，选中的区域会放大显示并填满图像窗口，效果如图 1-77 所示。

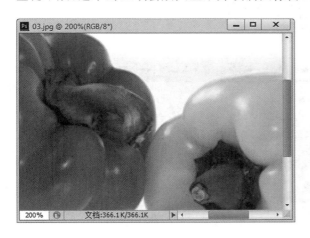

图 1-76　　　　　　　　　　　　　　　图 1-77

按 Ctrl＋＋（键盘右上角的加号）组合键可逐级放大图像，如从 100% 的显示比例放大到 200%、300%，直至 400%。

3）缩小显示图像

缩小显示图像一方面可以用有限的界面空间显示更多的图像，另一方面可以看到一个较大图像的全貌。

选择"缩放"工具 🔍，在图像中鼠标指针变为放大工具图标 ⊕，按住 Alt 键不放，鼠标指针变为缩小工具图标 ⊖。每单击一次鼠标，图像将缩小显示一级。图像的原始效果如图 1-78 所示，缩小显示后的效果如图 1-79 所示。按 Ctrl＋－（键盘右上角的减号）组合键可逐级缩小图像。

也可在"缩放"工具属性栏中选择缩小工具 🔍，如图 1-80 所示。此时鼠标指针变为缩小工具图标 ⊖，每单击一次鼠标，图像将缩小显示一级。

4）全屏显示图像

如果要将图像的窗口放大填满整个屏幕，可以在"缩放"工具属性栏中单击"适合屏幕"按钮 适合屏幕 ，再勾选"调整窗口大小以满屏显示"选项，如图 1-81 所示。这样在放大图像时，窗口就会和屏幕的尺寸相适应，效果如图 1-82 所示。单击"实际像素"按钮 实际像素 ，图像将以实际像素比例显示。单击"填充屏幕"按钮 填充屏幕 ，将缩放图像以适合屏幕。单击"打印尺寸"按钮 打印尺寸 ，图像将以打印分辨率显示。

图 1-78

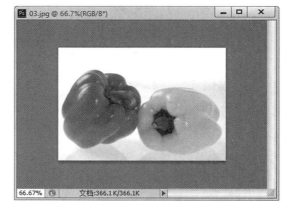

图 1-79

图 1-80

图 1-81

图 1-82

5）图像窗口显示

当打开多个图像文件时，会出现多个图像文件窗口，这就需要对窗口进行布置和摆放。

同时打开多幅图像，效果如图 1-83 所示。按 Tab 键关闭操作界面中的工具箱和控制面板，效果如图 1-84 所示。

图 1-83

图 1-84

选择"窗口>排列>全部垂直拼贴"命令，图像的排列效果如图 1-85 所示。选择"窗口>排列>全部水平拼贴"命令，图像的排列效果如图 1-86 所示。

图 1-85

图 1-86

### 3．图像尺寸的调整

打开一幅图像，选择"图像>图像大小"命令，弹出"图像大小"对话框，如图 1-87 所示。各选项作用如下。

● 像素大小：通过改变"宽度"和"高度"选项的数值，改变图像在屏幕上显示的大小，图像的尺寸也相应地改变。

● 文档大小：通过改变"宽度""高度"和"分辨率"选项的数值，改变图像的文档大小，图像的尺寸也相应地改变。

● 约束比例：勾选此复选框，在"宽度"和"高度"选项的右侧出现锁链标志 🔒，表示改变其中一项的设置时，两项会成比例地同时改变。

● 重定图像像素：取消勾选此复选框，像素的数值将不能单独设置，"文档大小"选项组中的"宽度""高度"和"分辨率"选项右侧将出现锁链标志 🔒，改变数值时这3项会同时改变，如图1-88所示。

在"图像大小"对话框中可以改变各选项数值的计量单位，用户可以根据需要在选项右侧的下拉列表中进行选择，如图1-89所示。单击"自动"按钮，弹出"自动分辨率"对话框，系统将自动调整图像的分辨率和品质效果，如图1-90所示。

图 1-87

图 1-88

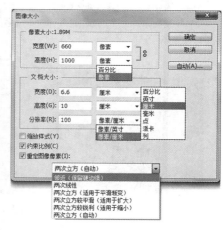

图 1-89

### 4.画布尺寸的调整

图像画布尺寸的大小是指当前图像周围的工作空间的大小。打开一幅图像（见图1-91），选择"图像>画布大小"命令，弹出"画布大小"对话框，如图1-92所示。

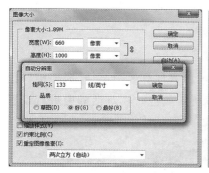

图 1-90

图 1-91

图 1-92

● 当前大小：显示的是当前文件的大小和尺寸。

● 新建大小：用于重新设定图像画布的大小。

● 定位：可调整图像在新画面中的位置，可偏左、居中或在右上角等，如图1-93所示。

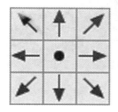
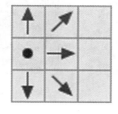
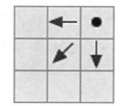

图 1-93

设置不同的调整方式,图像调整后的效果如图 1-94 所示。

图 1-94

● 画布扩展颜色:此选项的下拉列表中可以选择填充图像周围扩展部分的颜色,在列表中可以选择前景色、背景色或 Photoshop 中的默认颜色,也可以自己调整所需颜色。在对话框中进行设置(见图 1-95),单击"确定"按钮,效果如图 1-96 所示。

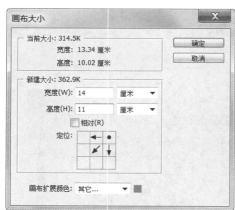 

图 1-95                                    图 1-96

# 项目二
## 插 画 设 计

现代插画艺术发展迅速,已经被广泛应用于杂志、广告、包装和纺织品领域。使用 Photoshop 绘制的插画简洁明快、新颖独特、形式多样,已经成为较流行的插画表现形式。本项目以制作多个主题插画为例,介绍插画的绘制方法和制作技巧。

###  项目目标

- 掌握插画的绘制思路和过程
- 掌握插画的绘制方法和技巧

### 任务一 绘制秋后风景插画

### 任务分析

秋后风景插画是为某儿童故事书所配的插画,要求插画的表现形式和画面效果能充分表达故事书的风格和思想,读者通过观看插画能够更好地理解书中的内容和意境。

### 设计理念

在设计和制作过程中,使用大片的金黄色谷物风景展示出丰收的景象。通过绿色的大山和蓝色的天空展现生机勃勃的景象和无限希望。再使用风车和稻草人使画面充满活力和生活气息。通过景物元素的烘托,突出风景的远近空间变化。整个插画造型简洁明快,颜色丰富饱满。最终效果参看资源包中的"源文件\项目二\任务一 绘制秋后风景插画.psd",如图 2-1 所示。

图 2-1

⟨ 任务实施 ⟩

1.使用"磁性套索"工具抠"蜻蜓"

**STEP①** 按 Ctrl＋O 组合键,打开资源包中的"素材文件\项目二\任务一 绘制秋后风景插画\01.jpg、02.psd"文件,选择"移动"工具 ➕,将"02.psd"素材图片拖曳到"01.jpg"素材的图像窗口中,效果如图 2-2 所示。在"图层"控制面板中生成新的图层并将其命名为"稻草人",如图 2-3 所示。

★ 微视频

绘制秋后风景插画1

图 2-2 图 2-3

**STEP②** 按 Ctrl＋O 组合键,打开资源包中的"素材文件\项目二\任务一 绘制秋后风景插画\03.jpg"文件,如图 2-4 所示。选择"磁性套索"工具 ➘,在蜻蜓图像的边缘单击鼠标,根据蜻蜓的形状拖曳鼠标,绘制一个封闭路径,完成后路径自动转换为选区,如图 2-5 所示。

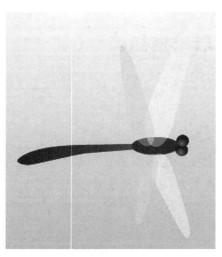

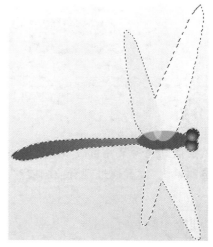

图 2-4 图 2-5

**STEP③** 选择"移动"工具 ➕,拖曳选区中的蜻蜓图像到"01.jpg"素材的图像窗口中,并适当调整位置及角度,效果如图 2-6 所示。在"图层"控制面板中生成新的图层并将其命名为"蜻蜓",如图 2-7 所示。

**STEP④** 将"蜻蜓"图层拖曳到"图层"控制面板下方的"创建新图层"按钮 ➕ 上进行复制,生成新的图层"蜻蜓 副本",如图 2-8 所示。选择"移动"工具 ➕,拖曳复制的"蜻蜓"到适当的位置,并调整其大小和角度,效果如图 2-9 所示。

图 2-6 图 2-7

图 2-8 图 2-9

### 2. 使用"套索"工具抠"山丘"

**STEP ❶** 按 Ctrl＋O 组合键,打开资源包中的"素材文件\项目二\任务一 绘制秋后风景插画\04.jpg"文件。选择"套索"工具 ,在山丘图像的边缘单击并拖曳鼠标将山丘图像抠出,如图 2-10 所示。选择"移动"工具 ,拖曳选区中的山丘图像到"01.jpg"素材图像窗口的右上方,效果如图 2-11 所示。在"图层"控制面板中生成新的图层并将其命名为"山丘",如图 2-12 所示。

图 2-10 图 2-11 图 2-12

**STEP ❷** 将"山丘"图层拖曳到"图层"控制面板下方的"创建新图层"按钮 上进行复制,生成新的图层"山丘 副本",如图 2-13 所示。选择"移动"工具 ,拖曳复制的山丘图像到适当的位置并调整其大小,效果如图 2-14 所示。

★ 微视频

绘制秋后风景插画2

**Photoshop CS6 案例教程**

图 2-13

图 2-14

## 3.使用"多边形套索"工具抠"风车"

**STEP❶** 按 Ctrl＋O 组合键,打开资源包中的"素材文件\项目二\任务一　绘制秋后风景插画\05.jpg"文件,如图 2-15 所示。选择"多边形套索"工具 ,在风车图像的边缘多次单击并拖曳鼠标,将风车图像抠出,如图 2-16 所示。

图 2-15

图 2-16

★ 微视频

绘制秋后风景插画3

**STEP❷** 选择"移动"工具 ,将选区中的风车图像拖曳到"01"素材的图像窗口中,在"图层"控制面板中生成新的图层并将其命名为"风车",如图 2-17 所示。按 Ctrl＋T 组合键,在图像周围出现控制手柄,拖曳控制手柄调整图像的大小,按 Enter 键确认操作,秋后风景插画绘制完成,效果如图 2-18 所示。

图 2-17

图 2-18

知识讲解

1."魔棒"工具

"魔棒"工具可以选取图像中的某一点,并将与这一点颜色相同或相近的点自动融入选区中。选择"魔棒"工具，或按 W 键,其属性栏状态如图 2-19 所示。

图 2-19

：选择方式选项。取样大小:用于设置取样范围的大小。容差:用于控制色彩的范围,数值越大,可容许的颜色范围越大。消除锯齿:用于清除选区边缘的锯齿。连续:用于选择单独的色彩范围。对所有图层取样:用于将所有可见层中颜色容许范围内的色彩加入选区。

选择"魔棒"工具，在图像中单击需要选择的颜色区域,即可得到需要的选区,如图 2-20 所示。调整属性栏中的容差值,再次单击需要选择的区域,不同容差值的选区效果如图 2-21 所示。

图 2-20　　　　　　　　　　　　　图 2-21

2."套索"工具

"套索"工具可以用来选取不规则形状的图像。

选择"套索"工具，或反复按 Shift＋L 组合键,其属性栏状态如图 2-22 所示。

图 2-22

：选择方式选项。羽化:用于设定选区边缘的羽化程度。消除锯齿:用于清除选区边缘的锯齿。

选择"套索"工具，在图像中适当的位置单击并按住鼠标不放,拖曳鼠标在图像上进行绘制,如图 2-23 所示。释放鼠标左键,选择区域完成后,自动封闭生成选区,效果如图 2-24 所示。

图 2-23　　　　　　　　　　　　　图 2-24

### 3．"多边形套索"工具

"多边形套索"工具可以用来选取不规则的多边形图像。选择"多边形套索"工具 或反复按 Shift＋L 组合键，其工具属性栏中的选项内容与"套索"工具属性栏的选项内容相同。

选择"多边形套索"工具 ，在图像中单击设置所选区域的起点，接着单击设置选择区域的其他点，效果如图 2-25 所示。将鼠标指针移回到起点，指针由"多边形套索"工具图标变为 图标，如图 2-26 所示。单击即可封闭选区，效果如图 2-27 所示。

 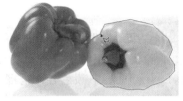 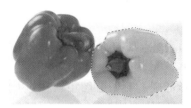

图 2-25　　　　　　　　　　图 2-26　　　　　　　　　　图 2-27

> **提示**
>
> 在图像中使用"多边形套索"工具绘制选区时，按 Enter 键可封闭选区，按 Esc 键可取消选区，按 Delete 键可删除上一个单击创建的选区点。

### 4．"磁性套索"工具

"磁性套索"工具可以用来选取不规则并与背景反差大的图像。

选择"磁性套索"工具 或反复按 Shift＋L 组合键。其属性栏状态如图 2-28 所示。

图 2-28

：选择方式选项。羽化：用于设定选区边缘的羽化程度。消除锯齿：用于清除选区边缘的锯齿。宽度：用于设定套索检测范围，"磁性套索"工具将在这个范围内选取反差最大的边缘。对比度：用于设定选取边缘的灵敏度，数值越大，则要求边缘与背景的反差越大。频率：用于设定选区点的速率，数值越大，标记速率越快，标记点越多。"使用绘图板压力以更改钢笔宽度"按钮 ：用于设定专用绘图板的笔刷压力。

选择"磁性套索"工具 ，在图像中适当的位置单击并按住鼠标左键，根据选取图像的形状拖曳鼠标，选取图像的磁性轨迹会紧贴图像的内容，效果如图 2-29 和图 2-30 所示，将鼠标指针移回到起点，单击即可封闭选区，效果如图 2-31 所示。

图 2-29　　　　　　　　　　图 2-30　　　　　　　　　　图 2-31

### 5.图层面板

"图层"控制面板列出了图像中的所有图层、组和图层效果,如图 2-32 所示。可以使用"图层"控制面板来搜索图层、显示和隐藏图层、创建新图层以及处理图层组;还可以在"图层"控制面板弹出的菜单中设置其他命令和选项。

图 2-32

图层搜索功能:在 类型 框中可以选取 6 种不同的搜索方式。类型:可以通过单击"像素图层"按钮 、"调整图层"按钮 、"文字图层"按钮 T 、"形状图层"按钮 和"智能对象"按钮 来搜索需要的图层类型。名称:可以通过在右侧的框中输入图层名称来搜索图层。效果:通过图层应用的图层样式来搜索图层。模式:通过图层设定的混合模式来搜索图层。属性:通过图层的可见性、锁定、链接、混合、蒙版等属性来搜索图层。颜色:通过不同的图层颜色来搜索图层。

图层混合模式 正常 :用于设定图层的混合模式,共包含有 27 种混合模式。不透明度:用于设定图层的不透明度。填充:用于设定图层的填充百分比。"眼睛"图标 :用于打开或隐藏图层中的内容。"锁链"图标 :表示图层与图层之间的链接关系。文字图层图标 T :表示此图层为可编辑的文字层。样式图标 :为图层添加了样式。

在"图层"控制面板的上方有 4 个工具图标,如图 2-33 所示。

锁定透明像素 :用于锁定当前图层中的透明区域,使透明区域不能被编辑。锁定图像像素 :使当前图层和透明区域不能被编辑。锁定位置 :使当前图层不能被移动。锁定全部 :使当前图层或序列完全被锁定。

在"图层"控制面板的下方有 7 个工具按钮,如图 2-34 所示。

图 2-33　　　　　　　　　　　图 2-34

"链接图层"按钮 :使所选图层和当前图层成为一组,当对一个链接图层进行操作时,将影响一组链接图层。"添加图层样式"按钮 :为当前图层添加图层样式效果。"添加图层蒙版"按钮 :将在当前层上创建一个蒙版。在图层蒙版中,黑色代表隐藏图像,白色代表显示图像。可以使用画笔等绘图工具对蒙版进行绘制,还可以将蒙版转换成选择区域。"创建新的填充或调整图层"按钮 :可对图层进行颜色填充和效果调整。"创建新组"按钮 :用于新建一个文件夹,可在其中放入图层。"创建新图层"按钮 :用于在当前图层的上方创建一个新层。"删除图层"按钮 :可以将不需要的图层拖曳到此处进行删除。

### 6.新建图层

使用"图层"面板弹出的菜单:单击"图层"控制面板右上方的 按钮,在弹出的下拉菜单中选择"新建图层"命令,弹出"新建图层"对话框,如图 2-35 所示。

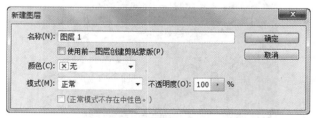

图 2-35

名称:用于设定新图层的名称,可以选择使用前一图层创建剪贴蒙版。颜色:用于设定新图层的颜色。模式:用于设定当前图层的混合模式。不透明度:用于设定图层的不透明度。

使用"图层"面板中的按钮或快捷键：单击"图层"控制面板下方的"创建新图层"按钮 可以创建一个新图层。在按住 Alt 键的同时，单击"创建新图层"按钮 ，弹出"新建图层"对话框。

使用"图层"菜单命令或快捷键：选择"图层>新建>图层"命令，弹出"新建图层"对话框。按 Shift＋Ctrl＋N 组合键也可以弹出"新建图层"对话框。

### 7. 复制图层

使用"图层"面板弹出的菜单：单击"图层"控制面板右上方的 按钮，在弹出的下拉菜单中选择"复制图层"命令，弹出"复制图层"对话框，如图 2-36 所示。

图 2-36

为：用于设定复制图层的名称。文档：用于设定复制图层的文件来源。

使用"图层"面板中的按钮：将需要复制的图层拖曳到控制面板下方的"创建新图层"按钮 上，可以复制一个新图层。

使用菜单命令：选择"图层>复制图层"命令，弹出"复制图层"对话框。

使用鼠标拖曳的方法复制不同图像之间的图层：打开目标图像和需要复制的图像，将需要复制的图像中的图层直接拖曳到目标图像的图层中，即可完成图层的复制。

### 8. 显示和隐藏图层

单击"图层"控制面板中的任意一个图层左侧的 按钮即可隐藏该图层。隐藏图层后，单击左侧的 按钮即可显示隐藏的图层。

按住 Alt 键的同时，单击"图层"控制面板中的任意一个图层左侧的 按钮，此时，"图层"控制面板中将只显示这个图层，其他图层被隐藏。

### 课堂演练——绘制圣诞气氛插画

使用"移动"工具移动素材图像，使用"自由变换"命令调整图像的角度。最终效果参看资源包中的"源文件\项目二\课堂演练 绘制圣诞气氛插画.psd"，如图 2-37 所示。

★ 微视频

绘制圣诞气氛插画

图 2-37

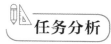 **制作美丽夕阳插画**

### 任务分析

本任务是为某时尚杂志绘制插画。插画要求表现出浪漫的夕阳风光,色彩要柔和舒适,能带给人安心、宁静舒适的感受。

### 设计理念

在设计和制作过程中,在草地和树木的处理上采用暗色的渐变剪影形式,与橘色明亮的夕阳光线形成鲜明的对比,在表现出夕阳美感的同时,使画面产生远近关系和空间感。整个插画的设计色彩搭配合理舒适,体现出夕阳的独特魅力与浪漫风情,让人印象深刻。最终效果参看资源包中的"源文件\项目二\任务二 制作美丽夕阳插画.psd",如图 2-38 所示。

图 2-38

### 任务实施

1. 添加图片并绘制小草和枫叶

STEP❶ 按 Ctrl+O 组合键,打开资源包中的"素材文件\项目二\任务二 制作美丽夕阳插画\01.jpg"文件,如图 2-39 所示。在"图层"控制面板中生成新的图层并将其命名为"地面",将前景色设置为黑色,选择"画笔"工具 ,在其属性栏中单击"画笔"选项右侧的 按钮,在弹出的画笔选择面板中选择需要的画笔形状,如图 2-40 所示。

图 2-39

★ 微视频

制作美丽夕阳插画

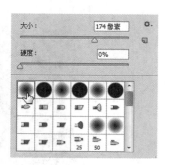

图 2-40

STEP❷ 按 F5 键弹出"画笔"控制面板,选择"画笔笔尖形状"选项,在弹出的面板中进行设置,如图 2-41 所示。在图像窗口的下方拖曳鼠标绘制黑色图形,效果如图 2-42 所示。

**Photoshop CS6 案例教程**

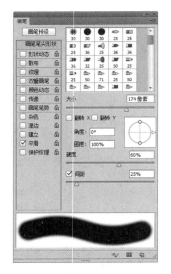

图 2-41                  图 2-42

**STEP 3** 新建图层并将其命名为"草"。选择"画笔"工具 ，在其属性栏中单击"画笔"选项右侧的 按钮，在弹出的画笔选择面板中选择需要的画笔形状，如图 2-43 所示。选择"画笔笔尖形状"选项，在弹出的面板中进行设置，如图 2-44 所示。在图像窗口的下方绘制小草图形，效果如图 2-45 所示。

图 2-43               图 2-44

图 2-45

**STEP④** 新建图层并将其命名为"枫叶"。将前景色设置为红色(其 R、G、B 的值分别为 255、17、0),背景色设置为橙色(其 R、G、B 的值分别为 255、195、0)。选择"画笔"工具,在其属性栏中单击"画笔"选项右侧的▼按钮,在弹出的画笔选择面板中选择需要的画笔形状,如图 2-46 所示。在"画笔"控制面板中选中"画笔笔尖形状"选项,在弹出的面板中进行设置(见图 2-47),按 [ 键和 ] 键,调整画笔的大小,在画面中绘制枫叶图形,效果如图 2-48 所示。

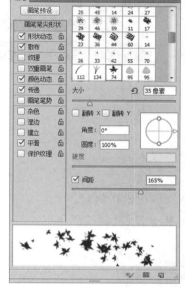

图 2-46　　　　　　　　　图 2-47　　　　　　　　　　　图 2-48

### 2.制作文字擦除效果

**STEP①** 将前景色设置为红色(其 R、G、B 的值分别为 187、0、47)。选择"横排文字"工具,在其属性栏中选择合适的字体并设置文字大小,输入需要的文字,在"图层"控制面板中生成新的文字图层,效果如图 2-49 所示。选中文字"美"和"夕",分别在其属性栏中设置文字大小,效果如图 2-50 所示。

图 2-49　　　　　　　　　　　　　　　　图 2-50

**STEP②** 单击"图层"控制面板下方的"添加图层样式"按钮,在弹出的菜单中选择"投影"命令,弹出对话框,将投影颜色设置为白色,其他选项的设置如图 2-51 所示。单击"确定"按钮,美丽夕阳插画制作完成,效果如图 2-52 所示。

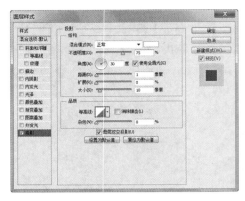

图 2-51

图 2-52

### 1. "画笔"工具

"画笔"工具可以模拟画笔效果在图像或选区中进行绘制。

选择"画笔"工具 ，或反复按 Shift+B 组合键，其属性栏状态如图 2-53 所示。

图 2-53

画笔预设：用于选择预设的画笔。模式：用于选择绘画颜色与下面现有像素的混合模式。不透明度：可以设定画笔颜色的不透明度。流量：用于设定喷笔压力，压力越大，喷色越浓。启用喷枪模式 ：可以启用喷枪功能。绘图板压力控制大小 ：使用压感笔压力可以覆盖"画笔"面板中的"不透明度"和"大小"的设置。

选择"画笔"工具 ，在画笔工具属性栏中设置画笔，如图 2-54 所示。在图像中单击并按住鼠标左键，拖曳鼠标可以绘制出书法字的效果，如图 2-55 所示。

图 2-54

图 2-55

在"画笔"工具属性栏中单击"画笔"选项右侧的按钮 ，弹出如图 2-56 所示的画笔选择面板，在画笔选择面板中可以选择画笔形状。

拖曳"大小"选项下方的滑块或直接输入数值，可以设置画笔的大小。如果选择的画笔是基于样本的，将显示"恢复到原始大小"按钮 ，单击此按钮，可以使画笔的大小恢复到初始的大小。

单击"画笔"面板右上方的按钮 ，在弹出的下拉菜单中选择"描边缩览图"命令，如图 2-57 所示。"画笔"选择面板的显示效果如图 2-58 所示。

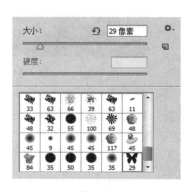

图 2-56

图 2-57

图 2-58

下拉菜单中的各个命令作用如下。

新建画笔预设：用于建立新画笔。重命名画笔：用于重新命名画笔。删除画笔：用于删除当前选中的画笔。仅文本：以文字描述方式显示画笔选择面板。小缩览图：以小图标方式显示画笔选择面板。大缩览图：以大图标方式显示画笔选择面板。小列表：以小文字和图标列表方式显示画笔选择面板。大列表：以大文字和图标列表方式显示画笔选择面板。描边缩览图：以笔画的方式显示画笔选择面板。预设管理器：用于在弹出的预置管理器对话框中编辑画笔。复位画笔：用于恢复默认状态的画笔。载入画笔：用于将存储的画笔载入面板。存储画笔：用于将当前的画笔进行存储。替换画笔：用于载入新画笔并替换当前画笔。

在画笔选择面板中单击　按钮，弹出如图 2-59 所示的"画笔名称"对话框，可创建新的画笔预设。单击画笔工具属性栏中的　按钮，弹出如图 2-60 所示的"画笔"控制面板。

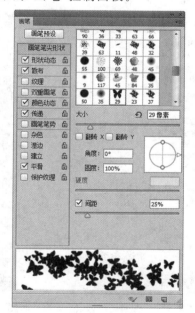

图 2-59

图 2-60

1)"画笔笔尖形状"选项

在"画笔"控制面板中选择"画笔笔尖形状"选项,弹出相应的控制面板,如图 2-61 所示。"画笔笔尖形状"选项可以设置画笔的形状。

● "使用取样大小"按钮:可以使画笔的直径恢复到初始的大小。

● "大小"选项:用于设置画笔的大小。

● "角度"选项:用于设置画笔的倾斜角度。

● "圆度"选项:用于设置画笔的圆滑度。在右侧的预览框中可以观察和调整画笔的角度及圆滑度。

● "硬度"选项:用于设置使用画笔所画图像的边缘的柔化程度,硬度的数值用百分比表示。

● "间距"选项:用于设置画笔画出的标记点之间的间隔距离。

2)"形状动态"选项

在"画笔"控制面板中,单击"形状动态"选项,弹出相应的控制面板,如图 2-62 所示。"形状动态"选项可以增加画笔的动态效果。

● "大小抖动"选项:用于设置动态元素的自由随机度。当数值设置为 100％时,使用画笔绘制的元素会出现最大的自由随机度;当数值设置为 0％时,使用画笔绘制的元素没有变化。

在"控制"选项的下拉列表中可以通过选择各个选项来控制动态元素的变化,其中包含关、渐隐、钢笔压力、钢笔斜度、光笔轮和旋转 6 个选项。

● "最小直径"选项:用来设置画笔标记点的最小尺寸。

● "倾斜缩放比例"选项:当选择"控制"下拉列表中的"钢笔斜度"选项后,可以设置画笔的倾斜比例。在使用数位板时此选项才有效。

● "角度抖动"和"控制"选项:"角度抖动"选项用于设置画笔在绘制线条的过程中标记点角度的动态变化效果;在"控制"选项的下拉列表中,可以选择各个选项,来控制抖动角度的变化。

● "圆度抖动"和"控制"选项:"圆度抖动"选项用于设置画笔在绘制线条的过程中标记点圆度的动态变化效果;在"控制"下拉列表中可以通过选择各个选项来控制圆度抖动的变化。

● "最小圆度"选项:用于设置画笔标记点的最小圆度。

3)"散布"选项

在"画笔"控制面板中,单击"散布"选项,弹出相应的面板,如图 2-63 所示。"散布"选项可以设置画笔绘制的线条中标记点的效果。

图 2-61

图 2-62

图 2-63

"散布"选项:用于设置画笔绘制的线条中标记点的分布效果。不选中"两轴"复选框,画笔的标记点的分布与画笔绘制的线条方向垂直;选中"两轴"复选框,画笔标记点将以放射状分布。

● "数量"选项:用于设置每个空间间隔中画笔标记点的数量。

● "数量抖动"选项:用于设置每个空间间隔中画笔标记点的数量变化;在"控制"选项的下拉列表中可以通过选择各个选项来控制数量抖动的变化。

4)"纹理"选项

在"画笔"控制面板中,单击"纹理"选项,弹出相应的控制面板,如图2-64所示。"纹理"选项可以使画笔纹理化。

在控制面板的上方有纹理的预视图,单击右侧的下三角按钮 ，在弹出的面板中可以选择需要的图案。选中"反相"复选框可以设定纹理的反相效果。

● "缩放"选项:用于设置图案的缩放比例。

● "亮度"选项:用于设置图案的亮度。

● "对比度"选项:用于设置图案的对比度。

● "为每个笔尖设置纹理"复选框:用于设置是否分别对每个标记点进行渲染。选择此项,下面的"最小深度"和"深度抖动"选项将变为可用。

● "模式"选项:用于设置画笔和图案之间的混合模式。

● "深度"选项:用于设置画笔混合图案的深度。

● "最小深度"选项:用于设置画笔混合图案的最小深度。

● "深度抖动"选项:用于设置画笔混合图案的深度变化。

5)"双重画笔"选项

在"画笔"控制面板中选择"双重画笔"选项,弹出相应的控制面板,如图2-65所示。双重画笔效果就是两种画笔效果的混合。

● "模式"选项:用于设置两种画笔的混合模式。在画笔预览框中选择一种画笔作为第2个画笔。

● "大小"选项:用于设置第2个画笔的大小。

● "间距"选项:用于设置使用第2个画笔在绘制的线条中的标记点之间的距离。

● "散布"选项:用于设置使用第2个画笔在所绘制的线条中标记点的分布效果。不选中"两轴"复选框,画笔的标记点的分布与画笔绘制的线条方向垂直。选中"两轴"复选框,画笔标记点将以放射状分布。

● "数量"选项:用于设置每个空间间隔中第2个画笔标记点的数量。

6)"颜色动态"选项

在"画笔"控制面板中选择"颜色动态"选项,弹出相应的控制面板,如图2-66所示。"颜色动态"选项用于设置画笔绘制线条的过程中颜色的动态变化情况。

● "前景/背景抖动"选项:用于设置使用画笔绘制的线条在前景色和背景色之间的动态变化。

● "色相抖动"选项:用于设置使用画笔绘制的线条的色相的动态变化范围。

● "饱和度抖动"选项:用于设置使用画笔绘制的线条的饱和度的动态变化范围。

● "亮度抖动"选项:用于设置使用画笔绘制的线条的亮度的动态变化范围。

● "纯度"选项:用于设置颜色的纯度。

7)画笔的其他选项

● "传递"选项:可以控制画笔随机的不透明度及随机的颜色流量,从而绘制出若隐若现的笔触效果。

● "画笔笔势"选项:用于调整毛刷画笔的笔尖、倾斜画笔笔尖的角度。

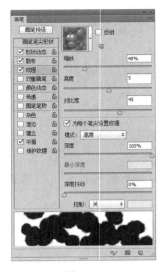

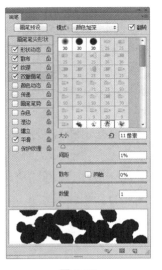

图 2-64          图 2-65          图 2-66

- "杂色"选项：可以为画笔增加杂色效果。
- "湿边"选项：可以为画笔增加水笔的效果。
- "建立"选项：可以使画笔变为喷枪的效果。
- "平滑"选项：可以使画笔绘制的线条更平滑、顺畅。
- "保护纹理"选项：可以对所有的画笔应用相同的纹理图案。

## 2．"铅笔"工具

"铅笔"工具可以模拟铅笔的效果进行绘画。

选择"铅笔"工具 ，或反复按 Shift＋B 组合键，其属性栏状态如图 2-67 所示。

画笔预设：用于选择预设画笔。

- 模式：用于选择混合模式。
- 不透明度：用于设定不透明度。
- 自动抹除：用于自动判断绘画时的起始点颜色，如果起始点颜色为背景色，则"铅笔"工具将以前景色绘制，反之如果起始点颜色为前景色，"铅笔"工具则会以背景色绘制。

选择"铅笔"工具 ，在工具属性栏中选择画笔，并勾选"自动抹除"复选框，如图 2-68 所示，此时绘制效果与鼠标所单击的起始点颜色有关，当鼠标单击的起始点像素与前景色相同时，"铅笔"工具 将行使"橡皮擦"工具 的功能，以背景色绘图；如果鼠标单击的起始点颜色不是前景色，绘图时仍然会保持以前景色绘制。

图 2-67                          图 2-68

例如，将前景色和背景色分别设定为白色和灰色，在图中单击鼠标，画出一个白色枫叶，在白色区域内单击以绘制下一个点，点的颜色就会变成灰色，重复以上操作，得到的效果如图 2-69 所示。

### 课堂演练——绘制儿童插画

使用"矩形选框"工具和"羽化"命令制作背景融合效果，使用"画笔"工具绘制草地和太阳图形，使用"多边形套索"工具绘制阳光照射效果。最终效果参看资源包中的"源文件\项目二\课堂演练　绘制儿童插画.psd"，如图 2-70 所示。

图 2-69

图 2-70

## 任务三　制作风景插画

### 任务分析

风景插画是为某娱乐农场制作的插画,本任务要求体现农场环境舒适的特色,插画设计要体现人物与风景元素的搭配,美观合理。

### 设计理念

在设计思路上,插画使用蔚蓝的天空和碧绿的草坪作为整个插画的背景,衬托出前方女孩的青春和活力,女孩吹出的气泡在画面中十分突出,使画面具有空间层次感。插画设计中体现人景合一,用色清新,让人感到舒适和谐。最终效果参看资源包中的"源文件\项目二\任务三　制作风景插画.psd",如图 2-71 所示。

图 2-71

**任务实施**

**STEP❶** 按 Ctrl＋O 组合键,打开资源包中的"素材文件\项目二\任务三　制作风景插画\05.jpg"文件,如图 2-72 所示。选择"自由钢笔"工具 ，在其属性栏的"选择工具模式"选项下拉列表中选择"路径",在图像窗口中沿着人物轮廓拖曳鼠标绘制路径,如图 2-73 所示。

**STEP❷** 选择"钢笔"工具 ，按住 Ctrl 键的同时,"钢笔"工具 转换为"直接选择"工具 ，拖曳路径中的锚点改变路径的弧度,再次拖曳锚点上的调节手柄改变线段的弧度,效果如图 2-74 所示。

**STEP❸** 将鼠标指针移动到建立好的路径上,若当前该处没有锚点,则"钢笔"工具 转换成"添加锚点"工具 （见图 2-75）,在路径上单击添加一个锚点。

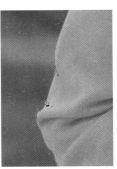

图 2-72　　　　　　　　　图 2-73　　　　　　　　　图 2-74　　　　　　　　　图 2-75

**STEP❹** 选择"转换点"工具 ，按住 Alt 键的同时,拖曳手柄,可以任意改变调节手柄中的其中一个手柄,如图 2-76 所示。用上述的路径工具,将路径调整得更贴近人物的形状,效果如图 2-77 所示。单击"路径"控制面板下方的"将路径作为选区载入"按钮 ，将路径转换为选区,如图 2-78 所示。

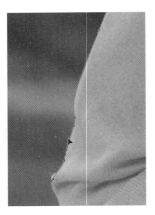

图 2-76　　　　　　　　　　图 2-77　　　　　　　　　　图 2-78

**STEP❺** 按 Ctrl＋O 组合键,打开资源包中的"素材文件\项目二\任务三　制作风景插画\01.jpg、03.png、04.png"文件。选择"移动"工具 ，将"03.png""04.png"文件拖曳到"01.jpg"图像窗口中,效果如图 2-79 所示。在"图层"控制面板中生成新的图层并将其分别命名为"大花""小花"。按住 Alt 键的同时,拖曳小花图片到适当的位置,复制图片,调整其位置与大小,效果如图 2-80 所示。

图 2-79 图 2-80

**STEP 6** 选择"移动"工具 ，将"05"选区中的图像拖曳到"01.jpg"图像窗口中，效果如图 2-81 所示。在"图层"控制面板中生成新的图层并将其命名为"女孩"。选择"魔棒"工具 ，按住 Shift 键的同时，在需要的位置多次单击生成选区，如图 2-82 所示。按 Delete 键，删除选区中的图像取消选区，如图 2-83 所示。用相同的方法删除胳膊处的图像，效果如图 2-84 所示。

图 2-81　　　　　　图 2-82　　　　图 2-83　　　　图 2-84

**STEP 7** 选择"移动"工具 ，将女孩图像拖曳到适当的位置，效果如图 2-85 所示。按 Ctrl＋O 组合键，打开资源包中的"素材文件\项目二\任务三　制作风景插画\02.png"文件。选择"移动"工具 ，将其拖曳到"01.png"图像窗口中，效果如图 2-86 所示，在"图层"控制面板中生成新的图层并将其命名为"泡泡"。风景插画制作完成。

图 2-85 图 2-86

知识讲解

### 1. "钢笔"工具

"钢笔"工具用于在 Photoshop 中绘制路径。

选择"钢笔"工具 或反复按 Shift＋P 组合键，其属性栏状态如图 2-87 所示。

图 2-87

按住 Shift 键创建锚点时，会以 45°或 45°的倍数绘制路径；按住 Alt 键，当鼠标指针移到锚点上时，指针暂时由"钢笔"工具图标 转换成"转换点"工具 ；按住 Ctrl 键，鼠标指针暂时由"钢笔"工具图标 转换成"直接选择"工具 。

#### 1）绘制直线

建立一个新的图像文件，选择"钢笔"工具 ，在其属性栏的"选择工具模式"选项下拉列表中选择"路径"选项，"钢笔"工具 绘制的将是路径。如果选择"形状"选项，绘制的将是形状图层。勾选"自动添加/删除"复选框。钢笔工具的属性栏如图 2-88 所示。

图 2-88

在图像中任意位置单击，将创建出第 1 个锚点，将鼠标指针移动到其他位置再单击，则创建第 2 个锚点，两个锚点之间自动以直线连接，如图 2-89 所示。再将鼠标指针移动到其他位置单击，出现了第 3 个锚点，系统将在第 2、3 锚点之间生成一条新的直线路径，如图 2-90 所示。

图 2-89 　　　　　　　　　　　　　图 2-90

将鼠标指针移至第 2 个锚点上，会发现指针现在由"钢笔"工具图标 转换成了"删除锚点"工具图标 ，如图 2-91 所示。在锚点上单击，即可将第 2 个锚点删除，效果如图 2-92 所示。

图 2-91 　　　　　　　　　　　　　图 2-92

2）绘制曲线

使用"钢笔"工具 单击建立新的锚点并按住鼠标左键，拖曳鼠标，建立曲线段和曲线锚点，如图2-93所示。释放鼠标左键，按住Alt键同时，用"钢笔"工具 单击刚建立的曲线锚点，效果如图2-94所示。将其转换为直线锚点，在其他位置再次单击建立下一个新的锚点，可在曲线段后绘制出直线段，效果如图2-95所示。

　　图 2-93　　　　　　　　　　　图 2-94　　　　　　　　　　　图 2-95

2."自由钢笔"工具

"自由钢笔"工具用于在Photoshop中绘制不规则路径。启用"自由钢笔"工具 有以下两种方法：选择"自由钢笔"工具 或反复按Shift＋P组合键。其属性栏如图2-96所示。"自由钢笔"工具属性栏中的选项内容与"钢笔"工具属性栏的选项内容相同，只有"自动添加/删除"选项变为"磁性的"选项，该选项用于将"自由钢笔"工具变为"磁性钢笔"工具，与"磁性套索"工具 功能相似。

图 2-96

在图像的左上方单击确定最初的锚点，然后沿图像小心地拖曳鼠标并单击，确定其他的锚点，如图2-97所示。可以看到选定的路径中误差比较大，但只需要使用其他几个路径工具对路径进行一番修改和调整，就可以补救，最后的效果如图2-98所示。

　　　　图 2-97　　　　　　　　　　　　　图 2-98

3."添加锚点"工具

"添加锚点"工具用于在路径上添加新的锚点。

将"钢笔"工具 移动到建立好的路径上，若当前该处没有锚点，则鼠标指针由"钢笔"工具图标 转换成"添加锚点"工具图标 ，在路径上单击可以添加一个锚点，效果如图2-99所示。

将"钢笔"工具 的指针移动到建立好的路径上，若当前该处没有锚点，则鼠标指针由"钢笔"工具图标 转换成"添加锚点"工具图标 ，单击并按住鼠标左键，向上拖曳鼠标，建立曲线段和曲线锚点，效果如图2-100所示。

图 2-99

图 2-100

4. "删除锚点"工具

"删除锚点"工具用于删除路径上已经存在的锚点。下面具体讲解"删除锚点"工具的使用方法和操作技巧。

将"钢笔"工具 ![]的指针放到直线路径的锚点上,则鼠标指针由"钢笔"工具图标 ![]转换成"删除锚点"工具图标 ![],单击锚点将其删除,效果如图 2-101 所示。

图 2-101

将"钢笔"工具 ![]的指针放到曲线路径的锚点上,则"钢笔"工具图标 ![]转换成"删除锚点"工具图标 ![],单击锚点将其删除,效果如图 2-102 所示。

图 2-102

### 5．"转换点"工具

使用"转换点"工具 ⌐，通过鼠标单击或拖曳锚点可将其转换成直线锚点或曲线锚点，拖曳锚点上的调节手柄可以改变线段的弧度。下面介绍与"转换点"工具 ⌐ 相配合的功能键。

按住 Shift 键拖曳其中一个锚点，手柄将以 45°或 45°的倍数进行改变；按住 Alt 键拖曳手柄，可以任意改变两个调节手柄中的一个，而不影响另一个手柄的位置；按住 Alt 键拖曳路径中的线段，会把已经存在的路径先复制，再把复制后的路径拖曳到预定的位置处。

创建一个新文件，选择"钢笔"工具 ⌐，用鼠标在页面中单击绘制出需要的路径，当要闭合路径时鼠标指针变为图标 ⌐，单击即可闭合路径，完成一个三角形选区的选取，如图 2-103 所示。

图 2-103

选择"转换点"工具 ⌐，将鼠标放在三角形选区右上角的锚点上，如图 2-104 所示。单击锚点并将其向左上方拖曳形成曲线锚点，如图 2-105 所示。使用同样的方法将左边的锚点变为曲线锚点，路径的效果如图 2-106 所示。使用"钢笔"工具 ⌐ 在图像中绘制出圆形选区，如图 2-107 所示。

图 2-104            图 2-105

图 2-106 图 2-107

6. 绘制选区

使用"选框"工具可以在图像或图层中绘制规则的选区,选取规则的图像。下面具体介绍"选框"工具的使用方法和操作技巧。

1)"矩形选框"工具

"矩形选框"工具可以在图像或图层中绘制矩形选区。

选择"矩形选框"工具,或反复按 Shift＋M 组合键。其属性栏状态如图 2-108 所示。

图 2-108

● ▢▢▢▢:选择选区方式选项。

●"新选区"按钮▢:用于去除旧选区,绘制新选区。

●"添加到选区"按钮▢:用于在原有选区的上面增加新选区。

●"从选区减去"按钮▢:在原有选区上减去新选区的部分。

●"与选区交叉"按钮▢:选择新旧选区重叠的部分。

●羽化:用于设定选区边界的羽化程度。

●样式:用于选择类型。(1)"正常"选项为标准类型;(2)"固定比例"选项用于设定长宽比例来进行选择;(3)"固定大小"选项则可以通过固定尺寸来进行选择。

●"宽度"和"高度"选项:用来设定宽度和高度。

绘制矩形选区:选择"矩形选框"工具▢,在图像中适当的位置单击并按住鼠标左键,拖曳鼠标绘制出需要的选区,释放鼠标左键,矩形选区绘制完成,如图 2-109 所示。按住 Shift 键的同时,拖曳鼠标在图像中可以绘制出正方形的选区,如图 2-110 所示。

图 2-109 图 2-110

绘制羽化的矩形选区：设定羽化值为"30 像素"后的属性栏如图 2-111 所示。绘制出选区，按住 Alt＋Backspace(或 Delete)组合键，用前景色填充选区，效果如图 2-112 所示。

图 2-111

填充前　　　　　　　　填充后

图 2-112

设置矩形选区的比例：在"矩形选框"工具的属性栏中选择"样式"选项下拉列表中的"固定比例"，将"宽度"选项设置为1、"高度"选项设置为3，如图 2-113 所示。在图像中绘制固定比例的选区，效果如图 2-114 所示。单击"高度和宽度互换"按钮，可以快速地将宽度和高度的数值互相置换，互换后绘制的选区效果如图 2-115 所示。

图 2-113

图 2-114　　　　　　　图 2-115

设置固定尺寸的矩形选区：在"矩形选框"工具的属性栏中选择"样式"选项下拉列表中的"固定大小"，在"宽度"和"高度"选项中输入数值，单位只能是像素，如图 2-116 所示。绘制固定大小的选区，效果如图 2-117 所示。单击"高度和宽度互换"按钮，可以快速地将宽度和高度的数值互换，互换后绘制的选区效果如图 2-118 所示。

图 2-116

图 2-117       图 2-118

2）"椭圆选框"工具

"椭圆选框"工具可以在图像或图层中绘制出圆形或椭圆形选区。

选择"椭圆选框"工具或反复按 Shift＋M 组合键，其属性栏状态如图 2-119 所示。

图 2-119

消除锯齿：用于清除选区边缘的锯齿。"椭圆选框"工具属性栏中的其他选项内容与"矩形选框"工具属性栏的选项内容相同。

选择"椭圆选框"工具，在图像中适当的位置单击并按住鼠标左键，拖曳鼠标绘制出需要的选区，释放鼠标左键，椭圆选区绘制完成，如图 2-120 所示。按住 Shift 键的同时，拖曳鼠标在图像中可以绘制出圆形的选区，如图 2-121 所示。

图 2-120       图 2-121

**7. 全选和反选选区**

"全部"命令可以选择所有像素，即将图像中的所有内容全部选取。选择"选择>全部"命令或按 Ctrl＋A 组合键，即可选取全部图像，效果如图 2-122 所示。

"反向"命令可以将选区反选。选择"选择>反向"命令或按 Shift＋Ctrl＋I 组合键，可以对当前的选区进行反向选取，效果如图 2-123 所示。

图 2-122　　　　　　　　　　　　　　图 2-123

8.羽化选区

"羽化"命令可以使图像产生柔和的效果。在图像中绘制不规则选区,如图 2-124 所示。选择"选择>修改>羽化"命令,弹出"羽化选区"对话框,设置羽化半径的数值,如图 2-125 所示,单击"确定"按钮,选区被羽化。按 Shift＋Ctrl＋I 组合键,将选区反选,如图 2-126 所示。在选区中填充颜色后的效果如图 2-127 所示。

图 2-124　　　　　　　　　　　　　　图 2-125

图 2-126　　　　　　　　　　　　　　图 2-127

9.扩展选区

在图像中绘制不规则选区,如图 2-128 所示。选择"选择>修改>扩展"命令,弹出"扩展选区"对话框,设置扩展量的数值,如图 2-129 所示。单击"确定"按钮,选区被扩展,效果如图 2-130 所示。

图 2-128　　　　　　　　图 2-129　　　　　　　　图 2-130

10.载入选区

当要载入透明背景中的图像和文字图层中的文字选区时，可以在按住 Ctrl 键的同时，单击图层的缩览图载入选区。

11.选区和路径的转换

1）将选区转换为路径

在图像上绘制选区，如图 2-131 所示。单击"路径"控制面板右上方的 按钮，在弹出的菜单中选择"建立工作路径"命令，弹出"建立工作路径"对话框。在对话框中，应用"容差"选项设置转换时的误差允许范围，数值越小越精确，路径上的关键点也越多。如果要编辑生成的路径，此处将"容差"设定为 2，如图 2-132 所示。单击"确定"按钮将选区转换成路径，效果如图 2-133 所示。

单击"路径"控制面板下方的"从选区生成工作路径"按钮 ，也可以将选区转换成路径。

图 2-131          图 2-132          图 2-133

2）将路径转换为选区

在图像中创建路径，如图 2-134 所示。单击"路径"控制面板右上方的 按钮，在弹出的菜单中选择"建立选区"命令，弹出"建立选区"对话框，如图 2-135 所示。设置完成后单击"确定"按钮，将路径转换成选区，效果如图 2-136 所示。

图 2-134          图 2-135          图 2-136

单击"路径"控制面板下方的"将路径作为选区载入"按钮 ，也可以将路径转换成选区。

### 课堂演练——绘制潮流女孩插画

使用"矩形"工具和图层面板制作插画背景，使用"钢笔"工具来绘制人物，使用"路径转化为选区"命令和"填充"命令为人体各部分填充相应的颜色，使用"横排文字"工具和"添加图层样式"命令为文字添加特殊效果。最终效果参看资源包中的"源文件\项目二\课堂演练 绘制潮流女孩插画.psd"，如图 2-137 所示。

★ 微视频

绘制潮流女孩插画1

★ 微视频

绘制潮流女孩插画2

★ 微视频

绘制潮流女孩插画3

图 2-137

 **实战演练——绘制旅游海报插画**

 **案例分析**

随着人们生活水平的提高,旅游成为人们喜爱的休闲放松的活动之一,本例是为某旅游杂志制作的插画,插画主要表现某旅游的乐趣,画面要求美观时尚。

**设计理念**

在设计思路上,渐变的放射状蓝色背景使画面具有层次感,俏皮可爱的少女手拿望远镜在眺望远方,增添了插画的活泼感觉,丛林的剪影使插画充满冒险与刺激,可爱的橙黄色字体在画面中更加突出,整体风格能够让人感受到欢快的氛围。

 **制作要点**

使用"椭圆选框"工具、"羽化"命令和图层面板制作高光效果;使用"矩形"工具、"变换"命令、"混合模式"选项和"不透明度"选项制作放射光效果;使用"添加图层样式"命令为人物图片添加特殊效果;使用"横排文字"工具和"投影"命令制作标题文字,使用"色阶"命令调整图片颜色。最终效果参看资源包中的"源文件\项目二\实战演练 绘制旅游海报插画.psd",如图 2-138 所示。

★ 微视频

绘制旅游海报插画

图 2-138

**Photoshop CS6 案例教程**

 实战演练——绘制蝴蝶插画

 **案例分析**

绘制蝴蝶插画必然少不了花朵的衬托,所以插画要突出蝴蝶与花之间的和谐统一。本案例要求插画制作的效果鲜明醒目,能够带给人美好的视觉体验。

**设计理念**

在设计和制作过程中,使用浅色的背景衬托了主体的特色,营造出和谐、舒适的氛围。蝴蝶与花的搭配形象生动且用色丰富,增强了画面的远近变化和空间感。泼墨艺术效果不仅体现花与花、花与蝴蝶之间的联系,还让插画整体显得时尚高端,给人视觉上的美感。

**制作要点**

使用"魔棒"工具选取图像,使用"移动"工具移动选区中的图像,使用"水平翻转"命令翻转图像。最终效果参看资源包中的"源文件\项目二\实战演练 绘制蝴蝶插画.psd",如图 2-139 所示。

图 2-139

# 项目三
## 卡片设计

卡片是人们增进交流的一种载体,是传递信息、交流情感的一种方式。卡片的种类繁多,有邀请卡、祝福卡、生日卡、圣诞卡、新年贺卡等。本项目以制作多个题材的卡片为例,介绍卡片的绘制方法和制作技巧。

### 📺 项目目标

- 掌握卡片的设计思路
- 掌握卡片的制作方法和技巧

### 任务一 制作中秋贺卡

### ✏️ 任务分析

中秋节是我国重要的传统节日之一,庆祝活动都是围绕"月"进行的,中秋节月亮圆满,象征团圆,因而又称为"团圆节"。本任务要求体现出中秋节团圆、美满的寓意和对美好生活的向往之情。

### ⓒ 设计理念

在设计和制作过程中,深蓝色的背景营造出沉稳、静谧的氛围,给人积淀感。牡丹花的背景纹理与星光相互辉映,增添了画面的质感。如玉盘般明亮的圆月高挂空中,展现出月圆人团圆的美好寓意。书法和传统图案的运用体现出浓厚的文化气息,与主题相呼应。金黄色的文字醒目突出,让人印象深刻。最终效果参看资源包中的"源文件\项目三\任务一 制作中秋贺卡.psd",如图 3-1所示。

制作中秋贺卡

图 3-1

## 任务实施

**STEP 1** 按 Ctrl＋N 组合键，新建一个文件，宽度为 17 厘米，高度为 9 厘米，分辨率为 300 像素/英寸，颜色模式为 RGB，背景内容为白色，单击"确定"按钮。

**STEP 2** 选择"渐变"工具，单击属性栏中的"点按可编辑渐变"按钮，弹出"渐变编辑器"对话框，将渐变色设置为从深蓝色（其 R、G、B 的值分别为 20、50、93）到浅蓝色（其 R、G、B 的值分别为 0、88、150），单击"确定"按钮，如图 3-2 所示。在其属性栏中选择"径向渐变"按钮，在图像窗口中由中间向上拖曳光标填充渐变色，效果如图 3-3 所示。

图 3-2

图 3-3

**STEP 3** 按 Ctrl＋O 组合键，打开资源包中的"素材文件\项目三\任务一　制作中秋贺卡\01.jpg"文件，选择"移动"工具，将星光图片拖曳到图像窗口中适当的位置，效果如图 3-4 所示。在"图层"控制面板中生成新的图层并将其命名为"星光"。在"图层"控制面板上方，将"星光"图层的"混合模式"选项设置为"浅色"，图像效果如图 3-5 所示。

图 3-4

图 3-5

STEP④ 单击"图层"控制面板下方的"添加图层蒙版"按钮 ▣，为"星光"图层添加蒙版，如图 3-6 所示。将前景色设置为黑色，选择"画笔"工具 ✎，在其属性栏中单击"画笔"选项右侧的 ⏷ 按钮，弹出画笔选择面板，在画笔选择面板中选择需要的画笔形状，选项的设置如图 3-7 所示。在图像窗口中的星云上进行涂抹，效果如图 3-8 所示。

图 3-6

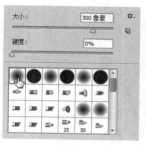
图 3-7

图 3-8

STEP⑤ 按 Ctrl＋O 组合键，打开资源包中的"素材文件\项目三\任务一　制作中秋贺卡\02.png"文件。选择"移动"工具 ⊹，将 02.png 图片拖曳到图像窗口中适当的位置，效果如图 3-9 所示。在"图层"控制面板中生成新的图层并将其命名为"牡丹"。在"图层"控制面板上方，将该图层的"混合模式"选项设置为"柔光"，"不透明度"设置为 20％，如图 3-10 所示，效果如图 3-11 所示。

图 3-9

图 3-10

图 3-11

STEP⑥ 将前景色设置为蓝色（其 R、G、B 的值分别为 40、100、180）。新建图层并将其命名为"高斯模糊"。选择"椭圆"工具 ⬭，在其属性栏的"选择工具模式"选项下拉列表中选择"形状"，按住 Shift 键的同时，在图像窗口中拖曳鼠标绘制圆形，效果如图 3-12 所示。选择"滤镜>模糊>高斯模糊"命令，在弹出的"高斯模糊"对话框中进行设置，如图 3-13 所示。单击"确定"按钮，效果如图 3-14 所示。

图 3-12

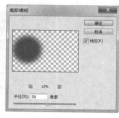
图 3-13

图 3-14

STEP⑦ 将前景色设置为淡黄色（其 R、G、B 的值分别为 253、251、221）。新建图层并将其命名为"月亮"。选择"椭圆"工具 ⬭，按住 Shift 键的同时，在图像窗口中拖曳鼠标绘制圆形，如图 3-15 所示。

STEP⑧ 单击"图层"控制面板下方的"添加图层样式"按钮 fx，在弹出的菜单中选择"外发光"命令，弹出对话框，将发光颜色设置为黄色（其 R、G、B 的值分别为 252、241、68），其他选项的设置如图 3-16 所示。单击"确定"按钮，效果如图 3-17 所示。

图 3-15                          图 3-16                          图 3-17

**STEP ⑨** 按 Ctrl＋O 组合键，打开资源包中的"素材文件\项目三\任务一　制作中秋贺卡\
03.jpg"文件。选择"移动"工具，将中秋图片拖曳到图像窗口中适当的位置，如图 3-18 所示，在
"图层"控制面板中生成新的图层并将其命名为"中秋"。在"图层"控制面板上方，将该图层的混合
模式选项设置为"正片叠底"，如图 3-19 所示，图像效果如图 3-20 所示。

图 3-18                          图 3-19                          图 3-20

**STEP ⑩** 按 Ctrl＋Alt＋G 组合键，创建剪贴蒙版，如图 3-21 所示。按 Ctrl＋O 组合键，打开资
源包中的"素材文件\项目三\任务一　制作中秋贺卡\04.png"文件。选择"移动"工具，将云图
片拖曳到图像窗口中适当的位置，效果如图 3-22 所示。在"图层"控制面板中生成新的图层并将其
命名为"云"。

图 3-21                          图 3-22

**STEP ⑪** 将前景色设置为黄色（其 R、G、B 的值分别为 234、181、40）。选择"横排文字"工具
，在其属性栏中选择合适的字体并设置文字大小，在适当的位置输入需要的文字并选取文字，如
图 3-23 所示。在"图层"控制面板中生成新的文字图层。

**STEP ⑫** 按 Ctrl＋O 组合键，打开资源包中的"素材文件\项目三\任务一　制作中秋贺卡\
05.png"文件。选择"移动"工具，将祝福语图片拖曳到图像窗口中适当的位置，效果如
图 3-24 所示，在"图层"控制面板中生成新的图层并将其命名为"祝福语"。

**STEP ⑬** 单击"图层"控制面板下方的"添加图层样式"按钮，在弹出的菜单中选择"投影"命
令，弹出对话框，将投影颜色设置为红色（其 R、G、B 的值分别为 149、30、35），其他选项的设置如
图 3-25 所示。单击"确定"按钮，中秋贺卡制作完成，效果如图 3-26 所示。

图 3-23

图 3-24

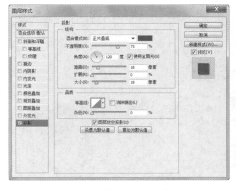

图 3-25

图 3-26

### 知识讲解

**1.填充图形**

**1）"油漆桶"工具**

选择"油漆桶"工具 或反复按 Shift＋G 组合键，其属性栏状态如图 3-27 所示。

图 3-27

前景：在其下拉列表中选择填充的是前景色或是图案。 ：用于选择定义好的图案。模式：用于选择着色的模式。不透明度：用于设定不透明度。容差：用于设定色差的范围，数值越小，容差越小，填充的区域也越小。消除锯齿：用于消除边缘锯齿。连续的：用于设定填充方式。所有图层：用于选择是否对所有可见层进行填充。

选择"油漆桶"工具 ，在工具属性栏中对"容差"选项进行不同的设定，如图 3-28 和图 3-29 所示。原图像效果如图 3-30 所示。用"油漆桶"工具在图像中填充颜色，不同的填充效果如图 3-31 和图 3-32 所示。

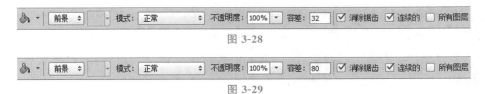

图 3-28

图 3-29

图 3-30            图 3-31            图 3-32

在"油漆桶"工具属性栏中设置图案属性,如图 3-33 所示,用"油漆桶"工具在图像中填充图案,效果如图 3-34 所示。

2)"填充"命令

选择"编辑>填充"命令,弹出"填充"对话框,如图 3-35 所示。

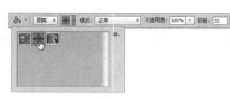  

图 3-33            图 3-34            图 3-35

使用:用于选择填充方式,包括使用前景色、背景色、颜色、内容识别、图案、历史记录、黑色、50％灰色、白色和自定图案进行填充。

模式:用于设置填充模式。

不透明度:用于设置不透明度。

在图像中绘制选区,如图 3-36 所示。选择"编辑>填充"命令,弹出"填充"对话框,选项的设置如图 3-37 所示。单击"确定"按钮,取消选区,填充效果如图 3-38 所示。

图 3-36            图 3-37            图 3-38

> 💡 **技巧**
>
> 按 Alt＋Backspace 组合键将使用前景色填充选区或图层;按 Ctrl＋Backspace 组合键,将使用背景色填充选区或图层;按 Delete 键将删除选区中的图像,露出背景色或下层的图像。

### 2.渐变填充

选择"渐变"工具 或反复按 Shift＋G 组合键,其属性栏状态如图 3-39 所示。

图 3-39

"渐变"工具包括"线性渐变"按钮 、"径向渐变"按钮 、"角度渐变"按钮 、"对称渐变"按钮 和"菱形渐变"按钮 。

图 3-40

:用于选择和编辑渐变的色彩。 :用于选择各类型的"渐变"工具。模式:用于选择着色的模式。不透明度:用于设定不透明度。反向:用于反向产生色彩渐变的效果。仿色:用于使渐变更平滑。透明区域:用于产生不透明度。

如果自定义渐变形式和色彩,可单击"点按可编辑渐变"按钮 ,在弹出的"渐变编辑器"对话框中进行设置,如图 3-40 所示。

(1)设置渐变颜色。在"渐变编辑器"对话框中,单击颜色编辑框下边的适当位置,可以增加颜色,如图 3-41 所示。颜色可以进行调整,在下面的"颜色"选项下拉列表中选择颜色,或双击刚建立的颜色按钮,弹出"拾色器(色标颜色)"对话框,如图 3-42 所示。在其中选择适合的颜色,单击"确定"按钮,颜色就改变了。颜色的位置也可以进行调整,在"位置"选项中输入数值或用鼠标直接拖曳颜色滑块,都可以调整颜色的位置。

图 3-41

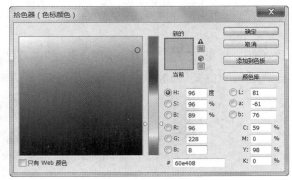

图 3-42

任意选择一个颜色滑块,如图 3-43 所示。单击下面的"删除"按钮或按 Delete 键,可以将该颜色删除,如图 3-44 所示。

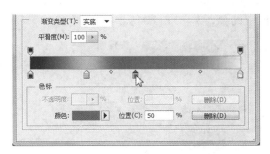

图 3-43

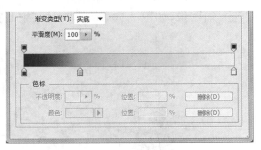

图 3-44

在"渐变编辑器"对话框中,单击颜色编辑框左上方的黑色按钮,如图 3-45 所示。再调整"不透明度"选项,如图 3-46 所示,可以使开始的颜色到结束的颜色显示透明的效果。

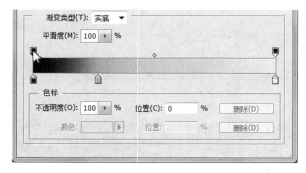

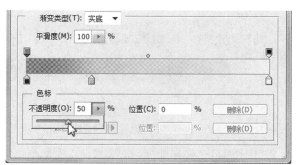

图 3-45　　　　　　　　　　　　　　　　图 3-46

在"渐变编辑器"对话框中，单击颜色编辑框的上方，会出现新的色标，如图 3-47 所示。调整"不透明度"选项，可以使新色标的颜色向两边的颜色出现过渡式的透明效果，如图 3-48 所示。如果想删除终点，单击下面的"删除"按钮或按 Delete 键，即可将终点删除。

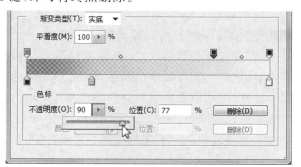

图 3-47　　　　　　　　　　　　　　　　图 3-48

（2）使用"渐变"工具。选择不同的"渐变"工具，在图像中单击并按住鼠标左键，拖曳鼠标到适当的位置，释放鼠标，可以绘制出不同的渐变效果，如图 3-49 所示。

线性渐变　　　径向渐变　　　角度渐变　　　对称渐变　　　菱形渐变

图 3-49

### 3. 图层的混合模式

图层"混合选项"命令可为图层添加不同的模式，使图层产生不同的效果。在"图层"控制面板中，"设置图层的混合模式"选项 正常 用于设定图层的混合模式，它包含 27 种模式。

打开一幅图像，如图 3-50 所示，"图层"控制面板中的显示如图 3-51 所示。

图 3-50　　　　　　　　　　　　　　　　图 3-51

在对"植物"图层应用不同的图层模式后,对应图像效果如图 3-52 所示。

图 3-52

**课堂演练——制作圣诞卡**

使用"磁性套索"工具抠出礼物盒图像,使用"魔棒"工具抠出文字,使用"自由变换"工具调整图像大小,使用"复制"命令复制图层。最终效果参看资源包中的"源文件\项目三\课堂演练　制作圣诞卡.psd",如图 3-53 所示。

★微视频

制作圣诞卡

图 3-53

## 任务二　制作美容宣传卡

### 任务分析

　　美容中心主要针对的客户是热衷于化妆、美体的女性。这些客户大多是都市的白领精英,她们注重自己的容貌,追求高质量的生活。本任务是为某美容美发机构设计制作宣传卡,要求能体现出美丽、健康、自信的主题。

### 设计理念

　　在设计和制作的过程中,粉红色的背景华丽而不失典雅,搭配细密的纹样给人高品质的印象,提升了机构的档次。具有现代感的人物形象在点明宣传主题的同时,给人时尚、自信、健康的印象。花朵的添加增添了活泼的气息,与人物外发光一起展现出画面的空间感和立体感。标志与文字的添加使卡片更加完整,达到宣传的目的。最终效果参看资源包中的"源文件\项目三\任务二　制作美容宣传卡.psd",如图 3-54 所示。

图 3-54

## 任务实施

### 1. 制作背景效果

**STEP ①** 按 Ctrl＋N 组合键,新建一个文件,宽度为 9 厘米,高度为 5.5 厘米,分辨率为 300 像素/英寸,颜色模式为 RGB,背景内容为白色,单击"确定"按钮。

**STEP ②** 选择"渐变"工具，单击属性栏中的"点按可编辑渐变"按钮，弹出"渐变编辑器"对话框,将渐变色设置为从红色(其 R、G、B 的值分别为 218、3、38)到浅红色(其 R、G、B 的值分别为 253、64、92),如图 3-55 所示,单击"确定"按钮。选中属性栏中的"径向渐变"按钮，在图像窗口中从左上方向右下方拖曳鼠标填充渐变色,释放鼠标,效果如图 3-56 所示。

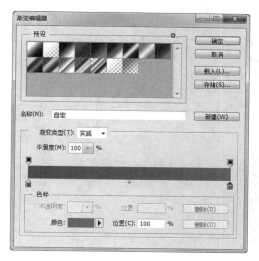

★ 微视频

制作美容宣传卡

图 3-55　　　　　　　　　　　　　图 3-56

**STEP ③** 选择"滤镜>滤镜库"命令,在弹出的对话框中进行设置,如图 3-57 所示。单击"确定"按钮,效果如图 3-58 所示。

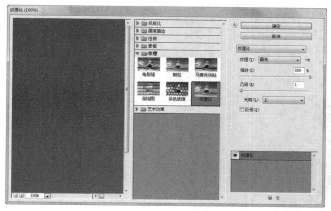

图 3-57　　　　　　　　　　　　　图 3-58

### 2. 添加并编辑素材图片

**STEP ①** 按 Ctrl＋O 组合键,打开资源包中的"素材文件\项目三\任务二　制作美容宣传卡\01.png"文件。选择"移动"工具，将人物图片拖曳到图像窗口中的适当位置并调整其大小,效果如图 3-59 所示。在"图层"控制面板中生成新的图层并将其命名为"人物"。

图 3-59

**STEP 2** 单击"图层"控制面板下方的"添加图层样式"按钮 *fx.*，在弹出的菜单中选择"外发光"命令，弹出对话框，单击"等高线"选项右侧按钮，在弹出的面板中选择需要的等高线样式（见图 3-60），其他选项的设置如图 3-61 所示。单击"确定"按钮，效果如图 3-62 所示。

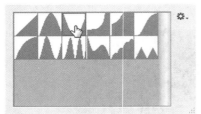

图 3-60                         图 3-61                         图 3-62

**STEP 3** 按 Ctrl＋O 组合键，打开资源包中的"素材文件\项目三\任务二   制作美容宣传卡\02.png"文件。选择"移动"工具 *►+.*，将花朵图片拖曳到图像窗口中的适当位置并调整其大小，效果如图 3-63 所示，在"图层"控制面板中生成新的图层并将其命名为"花朵"。

**STEP 4** 单击"图层"控制面板下方的"添加图层样式"按钮 *fx.*，在弹出的菜单中选择"投影"命令，将投影颜色设置为枣红色（其 R、G、B 的值分别为 178、66、27），其他选项的设置如图 3-64 所示。单击"确定"按钮，效果如图 3-65 所示。

图 3-63                         图 3-64                         图 3-65

**STEP 5** 选择"多边形套索"工具 ，在图像窗口中适当位置绘制选区，如图 3-66 所示。按 Ctrl＋J 组合键复制选区中的图像，在"图层"控制面板中生成新的图层并将其命名为"花朵 2"，如图 3-67 所示。

**STEP 6** 选择"移动"工具 ，将复制的图形拖曳到图像窗口的适当位置并调整其大小，如图 3-68 所示。用相同的方法复制另外一个图形，并调整其大小和位置，效果如图 3-69 所示。在"图层"控制面板中生成新的图层并将其命名为"花朵 3"。

图 3-66

图 3-67

图 3-68

图 3-69

### 3. 添加文字和标志图形

**STEP 1** 将前景色设置为浅粉色（其 R、G、B 的值分别为 255、187、187）。选择"横排文字"工具 ，分别在适当的位置输入需要的文字并选取文字，在其属性栏中分别选择合适的字体并设置文字大小，效果如图 3-70 所示，在"图层"控制面板中生成新的文字图层。

**STEP 2** 新建图层并将其命名为"方块"。将前景色设置为暗红色（其 R、G、B 的值分别为 174、3、28）。选择"矩形"工具 ，将属性栏中的"选择工具模式"选项设置为"像素"，在图像窗口中拖曳鼠标绘制矩形，效果如图 3-71 所示。

图 3-70

图 3-71

STEP③ 新建图层并将其命名为"标志"。将前景色设置为浅粉色（其 R、G、B 的值分别为 255、187、187）。选择"自定形状"工具，单击属性栏中的"形状"选项，弹出"形状"面板，单击面板右上方的 按钮，在弹出的菜单中选择"自然"选项，弹出提示对话框，单击"追加"按钮，在形状面板中选择需要的形状，如图 3-72 所示。将属性栏中的"选择工具模式"选项设置为"像素"，在图像窗口中拖曳鼠标绘制图形，效果如图 3-73 所示。

图 3-72　　　　　　　　　　　　　　图 3-73

STEP④ 按住 Alt 键的同时，将鼠标放在"标志"图层和"方块"图层的中间，鼠标指针变为 图标，单击，创建剪切蒙版，效果如图 3-74 所示。

STEP⑤ 将前景色设置为黑色。选择"横排文字"工具，在适当的位置输入需要的文字并选取文字，在其属性栏中选择合适的字体并设置文字大小，效果如图 3-75 所示。在"图层"控制面板中生成新的文字图层。美容宣传卡制作完成，效果如图 3-76 所示。

图 3-74　　　　　　　　　　图 3-75　　　　　　　　　　图 3-76

### 知识讲解

1."矩形"工具

选择"矩形"工具 或反复按 Shift+U 组合键，其属性栏状态如图 3-77 所示。

图 3-77

形状：用于选择创建路径形状、创建工作路径或填充区域。

填充 描边 3点：用于设置矩形的填充色、描边色、描边宽度和描边类型。

W: ☐ ∞ H: ☐ :用于设置矩形的宽度和高度。

▣.▣.▣:用于设置路径的组合方式、对齐方式和排列方式。

✿:用于设定所绘制矩形的形状。对齐边缘:用于设定边缘是否对齐。

原始图像如图 3-78 所示。在图像中绘制矩形,效果如图 3-79 所示。"图层"控制面板如图 3-80 所示。

图 3-78

图 3-79

图 3-80

2．"圆角矩形"工具

选择"圆角矩形"工具▣,或反复按 Shift＋U 组合键,其属性栏如图 3-81 所示。其属性栏中的内容与"矩形"工具属性栏的选项内容类似,只增加了"半径"选项,用于设定圆角矩形的平滑程度,数值越大越平滑。

图 3-81

原始图像如图 3-82 所示。将"半径"选项设置为"40 像素",在图像中绘制圆角矩形,效果如图 3-83 所示。"图层"控制面板如图 3-84 所示。

图 3-82

图 3-83

图 3-84

3．"椭圆"工具

选择"椭圆"工具▣,或反复按 Shift＋U 组合键,其属性栏状态如图 3-85 所示。

图 3-85

原始图像如图 3-86 所示。在图像中绘制椭圆形,效果如图 3-87 所示。"图层"控制面板如图 3-88 所示。

图 3-86　　　　　　　　　　图 3-87　　　　　　　　　　图 3-88

4．"多边形"工具

选择"多边形"工具 ◉，或反复按 Shift＋U 组合键，属性栏状态如图 3-89 所示。其属性栏中的内容与"矩形"工具属性栏的选项内容类似，只增加了"边"选项，用于设定多边形的边数。

图 3-89

原始图像如图 3-90 所示。单击属性栏中的按钮 ⚙，在弹出的面板中进行设置，如图 3-91 所示。在图像中绘制五角星，效果如图 3-92 所示。"图层"控制面板如图 3-93 所示。

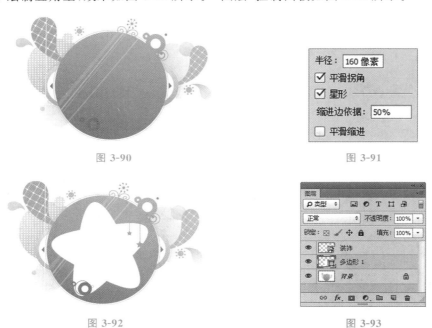

图 3-90　　　　　　　　　　　　　　　　　　图 3-91

图 3-92　　　　　　　　　　　　　　　　　　图 3-93

5．"直线"工具

选择"直线"工具 ╱，或反复按 Shift＋U 组合键，其属性栏状态如图 3-94 所示。其属性栏中的内容与"矩形"工具属性栏的选项内容类似，只增加了"粗细"选项，用于设定直线的宽度。

单击属性栏中的按钮 ⚙，弹出"箭头"面板，如图 3-95 所示。

图 3-94　　　　　　　　　　　　　　　　　　图 3-95

起点:用于选择箭头位于线段的始端。

终点:用于选择箭头位于线段的末端。

宽度:用于设定箭头宽度和线段宽度的比值。

长度:用于设定箭头长度和线段长度的比值。

凹度:用于设定箭头凹凸的形状。

原图如图 3-96 所示。在图像中绘制不同效果的图形,如图 3-97 所示。"图层"控制面板如图 3-98 所示。

图 3-96　　　　　　　　　　图 3-97　　　　　　　　　　图 3-98

### 6."自定形状"工具

选择"自定形状"工具  或反复按 Shift+U 组合键,属性栏状态如图 3-99 所示。其属性栏中的内容与"矩形"工具属性栏的选项内容类似,只增加了"形状"选项,用于选择所需的形状。

单击"形状"选项右侧的按钮 ,弹出如图 3-100 所示的形状面板,面板中存储了可供选择的各种不规则形状。

图 3-99　　　　　　　　　　　　　　　　　　　图 3-100

原始图像如图 3-101 所示。在图像中绘制不同的形状图形,效果如图 3-102 所示;"图层"控制面板如图 3-103 所示。

图 3-101　　　　　　　　　　　　　　　图 3-102

可以应用"定义自定形状"命令来制作并定义形状。使用"钢笔"工具 在图像窗口中绘制路径并填充路径,如图 3-104 所示。

图 3-103

图 3-104

选择"编辑>定义自定形状"命令,弹出"形状名称"对话框,在"名称"文本框中输入自定形状的名称,如图 3-105 所示;单击"确定"按钮,在"形状"选项的面板中将会显示刚才定义的形状,如图 3-106 所示。

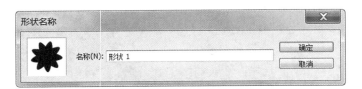

图 3-105

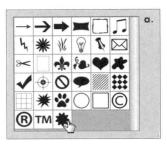

图 3-106

### 课堂演练——制作美食卡

使用"钢笔"工具、"添加锚点"工具和"转换点"工具绘制路径,使用"选区和路径的转换"命令进行转换,使用"图层样式"命令为图像添加特殊效果。最终效果参看资源包中的"源文件\项目三\课堂演练 制作美食卡.psd",如图 3-107 所示。

★ 微视频

制作美食卡

图 3-107

制作节日贺卡

## 任务分析

在节日时可以制作节日贺卡来表示对朋友的祝福,节日贺卡的设计应精美雅致,营造出温馨、美好的气氛,明确传达赠送者的心意,使收到卡片的人感到感受到祝福。

## 设计理念

在设计和制作上,通过粉红色的背景和各色各样的玫瑰花营造出幸福与甜美的氛围。类似心形的空白区里填写祝福话语,表达对朋友的节日祝福和关心。最终效果参看资源包中的"源文件\项目三\任务三　制作节日贺卡.psd",如图 3-108 所示。

图 3-108

## 任务实施

### 1.绘制背景图形

**STEP❶** 按 Ctrl＋N 组合键,新建一个文件,宽度为 15.5 厘米,高度为 11 厘米,分辨率为 300 像素/英寸,颜色模式为 RGB,背景内容为白色,单击"确定"按钮。将前景色设置为粉色(其 R、G、B 的值分别为 252、169、214),按 Alt＋Delete 组合键,用前景色填充背景,效果如图 3-109 所示。

**STEP❷** 将前景色设置为白色。选择"椭圆"工具 ,在其属性栏的"选择工具模式"选项下拉列表中选择"形状",在图像窗口中绘制椭圆形,效果如图 3-110 所示。按 Ctrl＋T 组合键,在图形周围出现变换框,将鼠标指针放在变换框的控制手柄外边,指针变为旋转图标 ,拖曳鼠标将图形旋转到适当的角度,按 Enter 键确认操作,效果如图 3-111 所示。在"图层"控制面板中生成新的图层并将其命名为"椭圆 1"。

图 3-109

图 3-110

图 3-111

**STEP 3** 在"图层"控制面板上方,将"椭圆 1"图层的"不透明度"设置为 60%,如图 3-112 所示,图像效果如图 3-113 所示。选择"移动"工具 ,按住 Alt 键的同时,拖曳图形到适当的位置,复制图像,按 Ctrl＋T 组合键,将图形旋转到适当的角度,并调整其大小及位置,按 Enter 键确认操作,效果如图 3-114 所示。

图 3-112

图 3-113

图 3-114

**STEP 4** 新建图层并命名为"线",选择"椭圆"工具 ,在其属性栏的"选择工具模式"选项下拉列表中选择"路径",在图像窗口中绘制椭圆形路径,如图 3-115 所示。按 Ctrl＋Enter 组合键,将路径转化为选区,效果如图 3-116 所示。

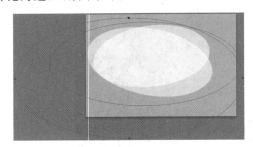
图 3-115

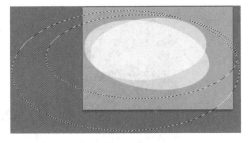
图 3-116

**STEP 5** 选择"编辑>描边"命令,弹出"描边"对话框,将描边颜色设置为白色,其他选项的设置如图 3-117 所示。单击"确定"按钮,按 Ctrl＋D 组合键,取消选区,选区的描边效果如图 3-118 所示。

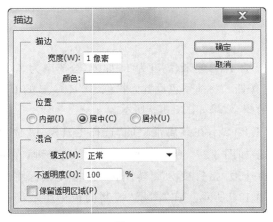
图 3-117

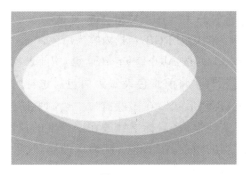
图 3-118

2. 添加文字和装饰图形

**STEP①** 按 Ctrl＋O 组合键，打开资源包中的"素材文件\项目三\任务三　制作节日贺卡\01.png"文件，选择"移动"工具 ，将花朵图片拖曳到图像窗口中适当的位置，效果如图 3-119 所示。在"图层"控制面板中生成新的图层并将其命名为"花朵"。

**STEP②** 在"图层"控制面板上方，将"花朵"图层的混合模式选项设置为"正片叠底"，如图 3-120 所示，图像效果如图 3-121 所示。

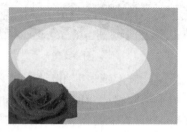

图 3-119　　　　　　图 3-120　　　　　　图 3-121

**STEP③** 选择"移动"工具 ，按住 Alt 键的同时，向上拖曳花朵图像到适当的位置，复制图像，并调整其大小，效果如图 3-122 所示。在"图层"控制面板中生成新的图层"花朵 副本"。将"花朵 副本"图层的"不透明度"设置为 10％，如图 3-123 所示，图像效果如图 3-124 所示。

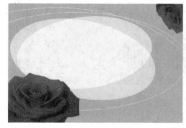

图 3-122　　　　　　图 3-123　　　　　　图 3-124

**STEP④** 用相同的方法复制花朵图片并调整其大小和位置，将"花朵副本 1"图层的"不透明度"设置为 51％，图像效果如图 3-125 所示。选择"图像>调整>色相/饱和度"命令，在弹出的对话框中进行设置，如图 3-126 所示。单击"确定"按钮，效果如图 3-127 所示。

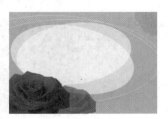

图 3-125　　　　　　图 3-126　　　　　　图 3-127

**STEP⑤** 用上述方法分别复制其他图像，并分别调整图像的色相/饱和度和不透明度，图像效果如图 3-128 所示。

**STEP⑥** 将前景色设置为紫色（其 R、G、B 的值分别为 111、55、131）。选择"横排文字"工具 ，在适当的位置输入需要的文字并选取文字，在其属性栏中选择合适的字体并设置文字大小，效果如图 3-129 所示。在"图层"控制面板中生成新的文字图层。

图 3-128

图 3-129

**STEP 7** 按 Ctrl＋T 组合键,在文字周围出现变换框,右击,在弹出的菜单中选择"斜切"命令,拖曳控制手柄倾斜适当的角度,按 Enter 键确认操作,效果如图 3-130 所示。用相同的方法添加其他的文字,节日贺卡制作完成,效果如图 3-131 所示。

图 3-130

图 3-131

### 知识讲解

#### 1.定义图案

在图像上绘制出要定义为图案的选区,隐藏背景图层,如图 3-132 所示。选择"编辑>定义图案"命令,弹出"图案名称"对话框,如图 3-133 所示。在"名称"文本框中输入名称,单击"确定"按钮,图案定义完成。删除选区中的内容,显示背景图层,按 Ctrl＋D 组合键,取消选区。

图 3-132

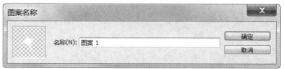

图 3-133

选择"编辑>填充"命令,弹出"填充"对话框,单击"自定图案",在弹出的面板中选择新定义的图案,如图 3-134 所示。单击"确定"按钮,图案填充的效果如图 3-135 所示。

图 3-134

图 3-135

在"填充"对话框的"模式"下拉列表中选择不同的填充模式,如图 3-136 所示。单击"确定"按钮,填充的效果如图 3-137 所示。

图 3-136

图 3-137

### 2．"描边"命令

选择"编辑>描边"命令,弹出"描边"对话框,如图 3-138 所示。

描边:用于设定边线的宽度和颜色。位置:用于设定所描边线相对于区域边缘的位置,包括内部、居中和居外 3 个选项。混合:用于设置描边模式和不透明度。

选中要描边的图形,生成选区,效果如图 3-139 所示。选择"编辑>描边"命令,弹出"描边"对话框。进行设定,如图 3-140 所示,单击"确定"按钮,按 Ctrl＋D 组合键,取消选区,描边后的效果如图 3-141 所示。

图 3-138

图 3-139

图 3-140

图 3-141

### 3．填充图层

当需要新建填充图层时,选择"图层>新建填充图层"命令或单击"图层"控制面板下方的"创建新的填充和调整图层"按钮,弹出填充图层的 3 种方式,如图 3-142 所示。选择其中的任意一种方式,将弹出"新建图层"对话框,如图 3-143 所示。单击"确定"按钮,将根据选择的填充方式弹出不同的填充对话框。这里以"渐变填充"为例,如图 3-144 所示。单击"确定"按钮,"图层"控制面板和图像的效果如图 3-145 和图 3-146 所示。

图 3-142                    图 3-143

图 3-144                    图 3-145                    图 3-146

**4.调整图层**

当需要对一个或多个图层进行色彩调整时,选择"图层>新建调整图层"命令或单击"图层"控制面板下方的"创建新的填充或调整图层"按钮 ,弹出调整图层的多种方式,如图 3-147 所示。选择其中的任意一种方式,将弹出"新建图层"对话框,如图 3-148 所示。

图 3-147                                    图 3-148

选择不同的调整方式,将弹出不同的调整对话框,以调整"色相/饱和度"为例,如图 3-149 所示。在对话框中进行设置,"图层"控制面板和图像的效果分别如图 3-150 和图 3-151 所示。

图 3-149                    图 3-150                    图 3-151

5.色相/饱和度

"色相/饱和度"命令可以调节图像的色相和饱和度。选择"色相/饱和度"命令或按 Ctrl＋U 组合键,弹出"色相/饱和度"对话框。

全图:用于选择要调整的色彩范围,可以通过拖曳各项中的滑块来调整图像的色彩、饱和度和明度。着色:用于在由灰度模式转化而来的色彩模式图像中添加需要的颜色。

打开一幅图像,如图 3-152 所示。勾选"预览"复选框,"色相/饱和度"对话框中的选项设置如图 3-153 所示,图像效果如图 3-154 所示。

图 3-152　　　　　　　　　　图 3-153　　　　　　　　　　图 3-154

在"色相/饱和度"对话框中的"全图"选项下拉列表中选择"黄色",拖曳两条色带间的滑块,使图像的色彩更符合要求,如图 3-155 所示。单击"确定"按钮,图像效果如图 3-156 所示。

图 3-155　　　　　　　　　　　　　图 3-156

6.渐变映射

"渐变映射"命令用于将图像的最暗和最亮色调映射为一组渐变色中的最暗和最亮色调。

打开一幅图像,如图 3-157 所示。选择"渐变映射"命令,弹出"渐变映射"对话框,如图 3-158 所示。单击"灰度映射所用的渐变"选项下方的色带,在弹出的"渐变编辑器"对话框中设置渐变色,如图 3-159 所示。单击"确定"按钮,图像效果如图 3-160 所示。

图 3-157　　　　　　　　　　　　　图 3-158

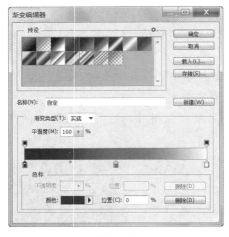

图 3-159

图 3-160

灰度映射所用的渐变:可以选择不同的渐变形式。仿色:用于为转变色阶后的图像增加仿色。反向:用于将转变色阶后的图像颜色反转。

**课堂演练——制作卡片**

使用"自定形状"工具和"填充"命令绘制图形;使用"定义图案"命令定义图案;使用"填充"命令为选区填充颜色;使用"填充"和"描边"命令制作图形;使用"横排文字"工具添加文字;使用"直线"工具绘制直线。最终效果参看资源包中的"源文件\项目三\课堂演练 制作卡片.psd",如图 3-161 所示。

图 3-161

**实战演练——制作蛋糕代金卡**

 **案例分析**

代金卡是商家推出的一种优惠活动,可以在商店等特定消费场所代替金钱使用。本案例是为某蛋糕店设计制作代金卡,在设计中要求能体现出商店特色,给人美味、精致的印象。

## 设计理念

在设计和制作上,白色的背景给人干净、整洁的印象,展现出商店的经营环境。精致的产品展示在体现出经营特点的同时,展示出了蛋糕美味、精巧的特点,能引起人们的食欲。金色的文字设计提升了卡片的档次。清晰简洁的介绍文字直观醒目,让人一目了然。

## 制作要点

使用"图层蒙版"和"渐变"工具制作背景图;使用"钢笔"工具和剪贴蒙版添加蛋糕图片;使用"图层样式"命令制作文字投影;使用"横排文字"工具添加介绍性文字。最终效果参看资源包中的"源文件\项目三\实战演练　制作蛋糕代金卡.psd",如图 3-162 所示。

图 3-162

## 实战演练——制作春节贺卡

## 案例分析

春节是中国的传统节日,也是中国人最重视的团圆佳节,所以春节贺卡也是表达节日祝福的一个重要方式。本案例要求在贺卡的设计过程中体现中国传统节日的特色。

## 设计理念

在设计和制作上,使用红色作为卡片的设计主体色,营造出吉祥、喜庆的氛围。使用具有传统特色的花朵、吉祥纹样及生肖剪纸图案,象征马年吉祥、富贵荣华的寓意,给人美好的祝福。文字设计也独具传统特色,与整体卡片相呼应。整体设计简洁大气,具有中国传统特色。

## 制作要点

使用"钢笔"工具和图层蒙版制作背景底图,使用"文本"工具添加卡片信息,使用"椭圆"工具和"矩形"工具绘制装饰图形。最终效果参看资源包中的"源文件\项目三\实战演练　制作春节贺卡.psd",如图 3-163 所示。

图 3-163

# 项目四
# 照片模板设计

使用照片模板可以为照片快速添加图案、文字和特效。照片模板主要用于日常照片的美化处理或影楼照片的后期设计。本项目以制作多个主题的照片模板为例,介绍照片模板的设计方法和制作技巧。

 **项目目标**

- 掌握照片模板的设计思路和手法
- 掌握照片模板的制作方法和技巧

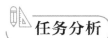 **制作多彩儿童照片模板**

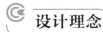 **任务分析**

童年照片承载着许多温馨甜蜜的记忆,所以许多家长都希望为自己的孩子制作一套既漂亮又具有特色的照片。本任务是制作多彩儿童照片模板,要求表现出儿童的纯真可爱。

**设计理念**

在设计和制作过程中,使用鲜亮的色彩和植物图案作为背景,在吸引人们眼球的同时,展现了希望孩子茁壮成长的美好祝愿。以不规则摆放的相框突出孩子的可爱面庞,展现出活泼的氛围。整幅画面颜色丰富,搭配适当,温馨可爱。最终效果参看资源包中的"源文件\项目四\任务一 制作多彩儿童照片模板.psd",如图 4-1 所示。

图 4-1

### 任务实施

**STEP①** 按 Ctrl+O 组合键,打开资源包中的"素材文件\项目四\任务一　制作多彩儿童照片模板\01.jpg"文件,效果如图 4-2 所示。

**STEP②** 在"图层"控制面板中,将"背景"图层拖曳到控制面板下方的"创建新图层"按钮 上进行复制,生成新的图层"背景 副本"。

**STEP③** 选择"滤镜>模糊>高斯模糊"命令,在弹出的"高斯模糊"对话框中进行设置,如图 4-3 所示。单击"确定"按钮,效果如图 4-4 所示。

图 4-2　　　　　　　　　　图 4-3　　　　　　　　　　图 4-4

**STEP④** 在"图层"控制面板上方,将该图层的混合模式设置为"正片叠底","填充"选项设置为"68%",如图 4-5 所示,图像效果如图 4-6 所示。将前景色设置为白色,选择"钢笔"工具 ,在其属性栏的"选择工具模式"选项下拉列表中选择"形状",拖曳鼠标绘制形状,效果如图 4-7 所示。

图 4-5　　　　　　　　　　图 4-6　　　　　　　　　　图 4-7

**STEP ⑤** 按 Ctrl＋O 组合键,打开资源包中的"素材文件\项目四\任务一　制作多彩儿童照片模板\02.jpg"文件。选择"移动"工具 ,将人物图片拖曳到图像窗口中适当的位置,如图 4-8 所示。在"图层"控制面板中生成新图层并将其命名为"人物"。按 Ctrl＋Alt＋G 组合键,为"人物"图层创建剪贴蒙版,效果如图 4-9所示。

图 4-8　　　　　　　　　　　　　　　图 4-9

**STEP ⑥** 选择"钢笔"工具 ,拖曳鼠标绘制形状,如图 4-10 所示。按 Ctrl＋O 组合键,打开资源包中的"素材文件\项目四\任务一　制作多彩儿童照片模板\03.jpg"文件。选择"移动"工具 ,将 03.jpg 图片拖曳到图像窗口中适当的位置,调整其大小和角度,如图 4-11 所示。在"图层"控制面板中生成新图层并将其命名为"人物 2"。按 Ctrl＋Alt＋G 组合键,为该图层创建剪贴蒙版,效果如图 4-12 所示。

图 4-10　　　　　　　　　　图 4-11　　　　　　　　　　图 4-12

**STEP ⑦** 选择"横排文字"工具 ,在适当的位置输入需要的文字并选取文字,在其属性栏中选择合适的字体并设置大小,效果如图 4-13 所示。在"图层"控制面板中生成新的文字图层。

**STEP ⑧** 选择"文字>文字变形"命令,在弹出的"变形文字"对话框中进行设置,如图 4-14 所示。单击"确定"按钮,效果如图 4-15 所示。

图 4-13　　　　　　　　　　图 4-14　　　　　　　　　　图 4-15

**STEP ⑨** 单击"图层"控制面板下方的"添加图层样式"按钮 ,在弹出的菜单中选择"描边"命令,弹出对话框,将描边颜色设置为深绿色(其 R、G、B 值分别为 0、86、64),其他选项的设置如

图 4-16 所示。单击"渐变叠加"选项，切换到相应的对话框，单击"渐变"选项右侧的"点按可编辑渐变"按钮 ，弹出对话框，将渐变色设置为从橙黄色（其 R、G、B 的值分别为 232、206、61）到绿色（其 R、G、B 的值分别为 107、171、65），单击"确定"按钮。返回"图层样式"对话框，选项的设置如图 4-17 所示。

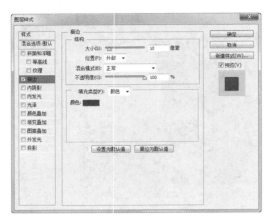

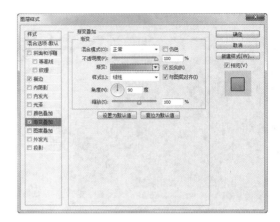

图 4-16            图 4-17

**STEP⑩** 单击"投影"选项，将投影颜色设置为红色（其 R、G、B 值分别为 168、30、52），其他选项的设置如图 4-18 所示。单击"确定"按钮，效果如图 4-19 所示。

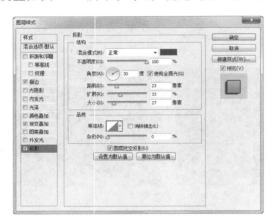

图 4-18            图 4-19

**STEP⑪** 按 Ctrl＋O 组合键，打开资源包中的"素材文件\项目四\任务一 制作多彩儿童照片模板\04.png"文件。选择"移动"工具 ，将图片拖曳到图像窗口中适当的位置，调整其大小和角度，如图 4-20 所示。在"图层"控制面板中生成新图层并将其命名为"可爱卡通"。多彩儿童照片模板制作完成。

图 4-20

## 知识讲解

### 1."修补"工具

"修补"工具可以用图像中的其他区域来修补当前选中的需要修补的区域,也可以使用图案来修补需要修补的区域。

选择"修补"工具,或反复按 Shift＋J 组合键,其属性栏状态如图 4-21 所示。

图 4-21

:选择修补选区方式的选项。"新选区"按钮![]:可以去除旧选区,绘制新选区。"添加到选区"按钮![]:可以在原有选区的基础上再增加新的选区。"从选区减去"按钮![]:可以在原有选区的基础上减去新选区的部分。"与选区交叉"按钮![]:可以选择新旧选区重叠的部分。

打开一幅图像,用"修补"工具![]圈选图像中的千纸鹤,如图 4-22 所示。选择"修补"工具属性栏中的"源"选项,在圈选的图像中单击并按住鼠标左键,拖曳鼠标将选区放置到需要的位置,效果如图 4-23 所示。释放鼠标,选中的千纸鹤被新放置的选取位置的图像所修补,效果如图 4-24 所示。按 Ctrl＋D 组合键,取消选区,修补的效果如图 4-25 所示。

图 4-22          图 4-23          图 4-24          图 4-25

选择"修补"工具属性栏中的"目标"选项,用"修补"工具![]圈选图像中的区域,效果如图 4-26 所示。再将选区拖曳到要修补的图像区域,如图 4-27 所示。圈选图像中的区域修补图像中的千纸鹤,如图 4-28 所示。按 Ctrl＋D 组合键,取消选区,修补效果如图 4-29 所示。

图 4-26          图 4-27          图 4-28          图 4-29

### 2."仿制图章"工具

选择"仿制图章"工具![],或反复按 Shift＋S 组合键,其属性栏状态如图 4-30 所示。

图 4-30

画笔:用于选择画笔。"切换画笔面板"按钮 :单击可打开"画笔"控制面板。"切换仿制源面板"按钮 :单击可打开"仿制源"控制面板。模式:用于选择混合模式。不透明度:用于设定不透明度。流量:用于设定扩散的速度。对齐:用于控制在复制时是否使用对齐功能。样本:用来在选中的图层中进行像素取样,它有 3 种不同的样本类型,即"当前图层""当前和下方图层"和"所有图层"。

选择"仿制图章"工具 ,将其拖曳到图像中需要复制的位置,按住 Alt 键,鼠标指针由仿制图章图标变为圆形十字图标 ,如图 4-31 所示。单击,定下取样点,释放鼠标左键,在合适的位置单击并按住鼠标左键,拖曳鼠标复制出取样点及其周围的图像,效果如图 4-32 所示。

图 4-31                                    图 4-32

### 3. "红眼"工具

"红眼"工具可修补用闪光灯拍摄的照片中人物的红眼。

选择"红眼"工具 或反复按 Shift+J 组合键,其属性栏状态如图 4-33 所示。

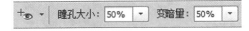

图 4-33

瞳孔大小:用于设置瞳孔的大小。

变暗量:用于设置瞳孔的暗度。

打开一幅人物照片,如图 4-34 所示。选择"红眼"工具 ,在其属性栏中进行设置,如图 4-35 所示。在照片中瞳孔的位置单击,如图 4-36 所示。去除照片中的红眼,效果如图 4-37 所示。

            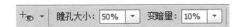

图 4-34                            图 4-35

图 4-36                                    图 4-37

### 4."模糊"滤镜

"模糊"滤镜可以使图像中过于清晰或对比度强烈的区域产生模糊效果。此外,也可用于制作柔和阴影。模糊效果滤镜菜单如图 4-38 所示。应用不同滤镜制作出的对应效果如图 4-39 所示。

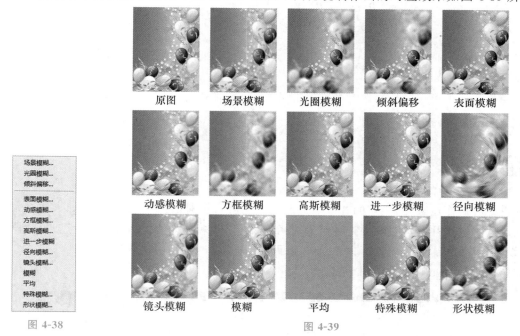

图 4-38　　　　　　　　　　　　　　　　　　　　图 4-39

### 课堂演练——制作大头贴模板

使用"仿制图章"工具修补照片,使用"高斯模糊"命令和"剪贴蒙版"命令制作照片效果。最终效果参看资源包中的"源文件\项目四\课堂演练　制作大头贴模板.psd",如图 4-40 所示。

★ 微视频

制作大头贴模板

图 4-40

  **制作时尚炫酷照片模板**

## 任务分析

本任务是为青年人设计制作时尚炫酷照片模板,要求通过对普通生活照片的艺术处理体现现代时尚、青春活力的氛围。

## 设计理念

在设计和制作过程中,浅蓝的背景营造出清爽利落的氛围,突显出前方炫酷的人物图片。倾斜的版面设计和对照片简洁直观的处理给人时尚、炫酷的印象,与模板的主题相呼应。整个画面清晰醒目,设计时尚动感,让人印象深刻。最终效果参看资源包中的"源文件\项目四\任务二  制作时尚炫酷照片模板.psd",如图 4-41 所示。

图 4-41

## 任务实施

**STEP①** 按 Ctrl＋N 组合键,新建一个文件,宽度为 20 厘米,高度为 14 厘米,分辨率为 254 像素/英寸,颜色模式为 RGB,背景内容为白色,单击"确定"按钮。选择"渐变"工具，单击属性栏中的"点按可编辑渐变"按钮，弹出"渐变编辑器"对话框,将渐变色设置为从淡蓝(其 R、G、B 的值分别为 168、230、254)到天蓝色(其 R、G、B 的值分别为 78、191、251),如图 4-42 所示,单击"确定"按钮。选中属性栏中的"径向渐变"按钮，在图像窗口中从左上方向右下角拖曳鼠标填充渐变色,效果如图 4-43 所示。

★ 微视频

制作时尚炫酷
照片模板

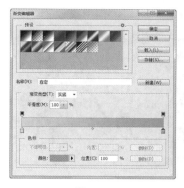

图 4-42　　　　　　　　　　　　　　　　图 4-43

**STEP 2** 按 Ctrl＋O 组合键,打开资源包中的"素材文件\项目四\任务二　制作时尚炫酷照片模板\01.jpg"文件。选择"移动"工具 ，将图片拖曳到图像窗口的适当位置,并调整其大小,效果如图 4-44 所示。在"图层"控制面板中生成新图层并将其命名为"人物"。单击控制面板下方的"添加图层蒙版"按钮 ，为图层添加蒙版,如图 4-45 所示。

图 4-44　　　　　　　　　　　　　　　　图 4-45

**STEP 3** 选择"画笔"工具 ，在其属性栏中单击"画笔"选项右侧的 按钮,在弹出的画笔面板中选择需要的画笔形状,将"主直径"选项设置为"300 像素",如图 4-46 所示。擦除不需要的图像,效果如图 4-47 所示。

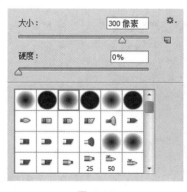

图 4-46　　　　　　　　　　　　　　　　图 4-47

**STEP 4** 按 Ctrl＋O 组合键,打开资源包中的"素材文件\项目四\任务二　制作时尚炫酷照片模板\03.jpg"文件。选择"移动"工具 ，将图片拖曳到图像窗口的适当位置,并调整其大小,效果如图 4-48 所示,在"图层"控制面板中生成新图层并将其命名为"人物 2"。添加图层蒙版并使用"画笔"工具擦除不需要的图像,效果如图 4-49 所示。

图 4-48　　　　　　　　　　　　　　　　图 4-49

**STEP 5** 单击"图层"控制面板下方的"创建新的填充或调整图层"按钮 ,在弹出的菜单中选择"曲线"命令,生成"曲线 1"图层,同时弹出"曲线"面板。选择"红"通道,在曲线上单击添加节点并拖曳到适当的位置,如图 4-50 所示。选择"绿"通道,在曲线上单击添加节点并拖曳到适当的位置,如图 4-51 所示。选择"蓝"通道,在曲线上单击添加节点并拖曳到适当的位置,如图 4-52 所示。按 Ctrl＋Alt＋G 组合键,创建剪贴蒙版,效果如图 4-53 所示。

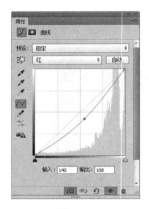
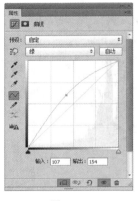
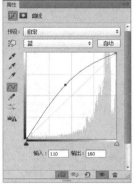

图 4-50　　　　　　图 4-51　　　　　　图 4-52　　　　　　图 4-53

**STEP 6** 新建图层并将其命名为"画笔"。将前景色设置为白色。选择"画笔"工具 ,单击属性栏中的"切换画笔面板"按钮 ,在弹出的面板上进行设置,如图 4-54 所示。选择"形状动态"选项,切换到相应的面板,设置如图 4-55 所示。选择"散布"选项,切换到相应的面板,设置如图 4-56 所示。在图像窗口中拖曳鼠标绘制图形,效果如图 4-57 所示。

图 4-54　　　　　　图 4-55　　　　　　图 4-56　　　　　　图 4-57

STEP⑦　新建图层并将其命名为"线条"。将前景色设置为绿色（其 R、G、B 的值分别为 15、99、47）。选择"画笔"工具　，"画笔"选项右侧的　按钮，弹出画笔面板，单击右上方的　按钮，在弹出的菜单中选择"方头画笔"命令，弹出提示框，单击"追加"按钮。在面板中选择需要的画笔形状，如图 4-58 所示。单击"切换画笔面板"按钮　，在弹出的面板上进行设置，如图 4-59 所示。按住 Shift 键，在图像窗口中拖曳鼠标绘制虚线，效果如图 4-60 所示。

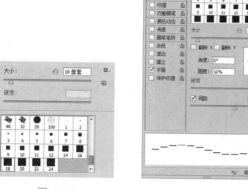

图 4-58　　　　　　　图 4-59

图 4-60

STEP⑧　选择"横排文字"工具　，在适当的位置分别输入需要的文字并选取文字，在其属性栏中选择合适的字体、文字大小和颜色，效果如图 4-61 所示。在"图层"控制面板中分别生成新的文字图层。

STEP⑨　在"图层"控制面板中，按住 Shift 键的同时，将文字图层和"线条"图层同时选取。按 Ctrl＋T 组合键，在图像周围生成变换框，拖曳鼠标将其旋转到适当的角度，按 Enter 键确认操作，效果如图 4-62 所示。

图 4-61

图 4-62

STEP⑩　新建图层并将其命名为"方形"。选择"矩形"工具　，在其属性栏的"选择工具模式"选项下拉列表中选择"像素"，在图像窗口中绘制矩形，并旋转到适当的角度，如图 4-63 所示。用相同的方法绘制另一个矩形，如图 4-64 所示。在"图层"控制面板中生成新的图层并命名为"方形 2"。

图 4-63

图 4-64

**STEP⑪** 选择"方形"图层。单击"图层"控制面板下方的"添加图层样式"按钮 *fx*，在弹出的菜单中选择"投影"命令，弹出对话框，设置如图 4-65 所示。单击"描边"选项，将描边颜色设置为白色，其他选项的设置如图 4-66 所示。单击"确定"按钮，效果如图 4-67 所示。

**STEP⑫** 在"方形"图层上右击，在弹出的快捷菜单中选择"拷贝图层样式"命令，选择"方形 2"图层，在弹出的菜单中选择"粘贴图层样式"命令，拷贝图层样式，效果如图 4-68 所示。

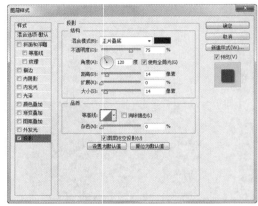

图 4-65

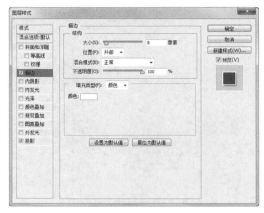

图 4-66

图 4-67

图 4-68

**STEP⑬** 选择"方形"图层。按 Ctrl＋O 组合键，打开资源包中的"素材文件\项目四\任务二制作时尚炫酷照片模板\02.jpg"文件。选择"移动"工具，将人物图片拖曳到图像窗口的适当位置并调整其大小，效果如图 4-69 所示。在"图层"控制面板中生成新图层并将其命名为"人物 3"。按 Ctrl＋Alt＋G 组合键，创建剪贴蒙版，效果如图 4-70 所示。

图 4-69

图 4-70

**STEP⑭** 将"人物 3"图层拖曳到"图层"控制面板下方的"创建新图层"按钮上进行复制，生成新的副本图层，并将其拖曳到"方形 2"图层的上方，创建剪贴蒙版，效果如图 4-71 所示。新建图层并将其命名为"图形"。将前景色设置为蓝色(其 R、G、B 的值分别为 2、41、112)。选择"矩形"工具,在图像窗口中绘制矩形,效果如图 4-72 所示。时尚炫酷照片模板制作完成。

图 4-71

图 4-72

## 知识讲解

### 1.图像的色彩模式

Photoshop 提供了多种色彩模式,这些色彩模式正是作品能够在屏幕和印刷品上成功表现的重要保障。在这些色彩模式中,经常使用的有 CMYK 模式、RGB 模式、Lab 模式以及 HSB 模式。另外,还有索引模式、灰度模式、位图模式、双色调模式、多通道模式等。这些模式都可以在模式菜单下选取,每种色彩模式都有不同的色域,并且各个模式之间可以互相转换。下面将介绍主要的色彩模式。

#### 1)CMYK 模式

CMYK 代表了印刷上用的 4 种油墨色:C 代表青色,M 代表洋红色,Y 代表黄色,K 代表黑色。CMYK 颜色控制面板如图 4-73 所示。

CMYK 模式在印刷时应用了色彩学中的减法混合原理,即减色色彩模式,它是图片、插图和其他 Photoshop 作品中最常用的一种印刷方式。这是因为在印刷中通常都要进行四色分色,出四色胶片,然后再进行印刷。

图 4-73

#### 2)RGB 模式

与 CMYK 模式不同的是,RGB 模式是一种加色模式,它通过红、绿、蓝 3 种色光相叠加而形成更多的颜色。RGB 是色光的彩色模式,一幅 24 bit 的 RGB 模式图像有 3 个色彩信息的通道:红色(R)、绿色(G)和蓝色(B)。RGB 颜色控制面板如图 4-74 所示。

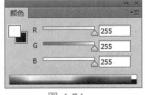

图 4-74

每个通道都有 8 bit 的色彩信息,即一个 0~255 的亮度值色域。也就是说,每一种色彩都有 256 个亮度水平级。3 种色彩相叠加,可以有 256 的 3 次方约 1 670 万种可能的颜色。这 1 670 万种颜色足以表现出绚丽多彩的世界。在 Photoshop 中编辑图像时,RGB 色彩模式应是最佳的选择。

#### 3)灰度模式

灰度模式,每个像素用 8 个二进制位表示,能产生 2 的 8 次方即 256 级灰色调。当一个彩色文件被转换为灰度模式文件时,所有的颜色信息都将从文件中丢失。尽管 Photoshop 允许将一个灰度文件转换为彩色模式文件,但不可能将原来的颜色完全还原。所以,当要转换为灰度模式时,应先做好图像的备份。

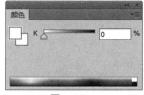

图 4-75

像黑白照片一样,一个灰度模式的图像只有明暗值,没有色相和饱和度这两种颜色信息。0%代表白,100%代表黑,其中的 K 值用于衡量黑色油墨用量。灰度颜色控制面板如图 4-75 所示。将彩色模式转换为双色调模式或位图模式时,必须先转换为灰度模式,然后由灰度模式转换为双色调模式或位图模式。

4)Lab 模式

Lab 是 Photoshop 中的一种国际色彩标准模式,它由 3 个通道组成:一个通道是透明度,即 L;其他两个是色彩通道,即色相和饱和度,用 a 和 b 表示。a 通道包括的颜色值从深绿到灰,再到亮粉红色;b 通道是从亮蓝色到灰,再到焦黄色。这种颜色混合后将产生明亮的色彩。

5)索引模式

在索引颜色模式下,最多只能存储一个 8 位色彩深度的文件,即最多 256 种颜色。这 256 种颜色存储在可以查看的色彩对照表中,当用户打开图像文件时,色彩对照表也一同被读入 Photoshop 中,Photoshop 在色彩对照表中找出最终的色彩值。

6)位图模式

位图模式为黑白位图模式。黑白位图模式是由黑白两种像素组成的图像,它通过组合不同大小的点,产生一定的灰度级阴影。使用位图模式可以更好地设定网点的大小、形状和角度,更完善地控制灰度图像的打印。

**2.色阶**

"色阶"命令用于调整图像的对比度、饱和度及灰度。打开一幅图像,如图 4-76 所示。选择"色阶"命令或按 Ctrl+L 组合键,弹出"色阶"对话框,如图 4-77 所示。

图 4-76

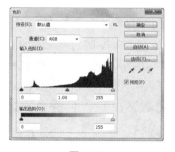

图 4-77

在"色阶"对话框中,中央是一个直方图,其横坐标为 0~255,表示亮度值,纵坐标为图像像素数。

下面为调整输入色阶的 3 个滑块后,图像产生的不同色彩效果,如图 4-78 至图 4-80 所示。

图 4-78

图 4-79

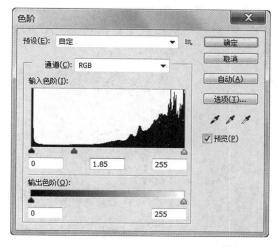

图 4-80

　　"通道"选项：可以从其下拉列表中选择不同的通道来调整图像，如果想选择两个以上的色彩通道，要先在"通道"控制面板中选择所需要的通道，再打开"色阶"对话框。

　　"输入色阶"选项：控制图像选定区域的最暗和最亮色彩，通过输入数值或拖曳三角滑块来调整图像。左侧的数值框和左侧的黑色三角滑块用于调整黑色，图像中低于该亮度值的所有像素将变为黑色；中间的数值框和中间的灰色滑块用于调整灰度，其数值范围为 $0.1～9.99$，$1.00$ 为中性灰度，数值大于 $1.00$ 时，将降低图像中间灰度，小于 $1.00$ 时，将提高图像中间灰度；右侧的数值框和右侧的白色三角滑块用于调整白色，图像中高于该亮度值的所有像素将变为白色。

　　"输出色阶"选项：可以通过输入数值或拖曳三角滑块来控制图像的亮度范围（左侧数值框和左侧黑色三角滑块用于调整图像最暗像素的亮度，右侧数值框和右侧白色三角滑块用于调整图像最亮像素的亮度），输出色阶的调整将增加图像的灰度，降低图像的对比度。

　　"预览"选项：勾选该复选框，可以即时显示图像的调整结果。

　　下面为调整输出色阶两个滑块后，图像产生的不同色彩效果，如图 4-81 和图 4-82 所示。

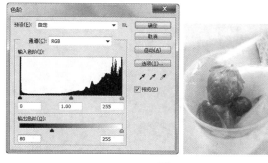
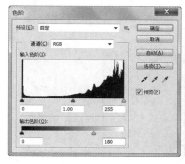
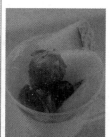

　　　　图 4-81　　　　　　　　　　　　　　　　　图 4-82

　　"自动"按钮：可自动调整图像并设置层次。单击"选项"按钮，弹出"自动颜色校正选项"对话框，可以看到系统将以 $0.10\%$ 来对图像进行加亮和变暗。3 个"吸管"工具分别是"黑色吸管"工具、"灰色吸管"工具和"白色吸管"工具。选中"黑色吸管"工具，用"黑色吸管"工具在图像中单击，图像中暗于单击点的所有像素都会变为黑色。用"灰色吸管"工具在图像中单击，单击点的像素都会变为灰色，图像中的其他颜色也会随之相应调整。用"白色吸管"工具在图像中单击，图像中亮于单击点的所有像素都会变为白色。双击"吸管"工具，可在颜色"拾色器"对话框中设置"吸管"颜色。

### 3. 曲线

　　"曲线"命令，可以通过调整图像色彩曲线上的任意一个像素点来改变图像的色彩范围。

打开一幅图像,选择"曲线"命令或按 Ctrl＋M 组合键,弹出"曲线"对话框,如图 4-83 所示。将鼠标指针移到图像中,单击,如图 4-84 所示。"曲线"对话框的图表中会出现一个小方块,它表示刚才在图像中单击处的像素数值,如图 4-85 所示。

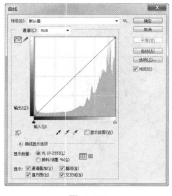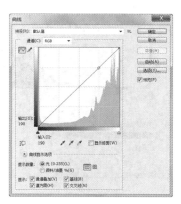

图 4-83          图 4-84          图 4-85

在"曲线"对话框中,"通道"选项可以用来选择调整图像的颜色通道。

下面为调整曲线后的不同图像效果,如图 4-86 至图 4-89 所示。

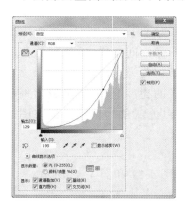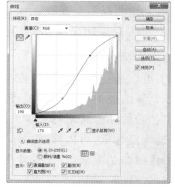

图 4-86                      图 4-87

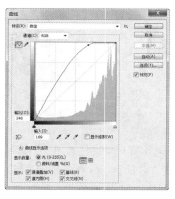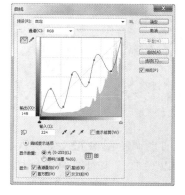

图 4-88                      图 4-89

图表中的 $x$ 轴为色彩的输入值, $y$ 轴为色彩的输出值,曲线代表了输入和输出色阶的关系。

绘制曲线工具 ,在默认状态下使用的是 工具,使用它在图表曲线上单击,可以增加控制点,按住鼠标左键拖曳控制点可以改变曲线的形状,拖曳控制点到图表外将删除控制点。使用 工具可以在图表中绘制出任意曲线,单击右侧的"平滑"按钮可使曲线变得平滑。按住 Shift 键,使用 工具可以绘制出直线。

输入和输出数值显示的是图表中鼠标指针所在位置的亮度值。"自动"按钮可自动调整图像的亮度。

4.去色

选择"图像>调整>去色"命令或按 Shift＋Ctrl＋U 组合键，可以去掉图像中的色彩，使图像变为灰度图，但图像的色彩模式并不改变。"去色"命令还可以对图像中的选区使用，将选区中的图像进行去掉图像色彩的处理。

5."艺术效果"滤镜组

"艺术效果"滤镜组在 RGB 颜色模式和多通道颜色模式下才可用，艺术效果滤镜组菜单如图 4-90 所示。原图像及应用艺术效果滤镜组制作的图像对应效果如图 4-91 所示。

图 4-90

图 4-91

6."像素化"滤镜组

"像素化"滤镜组用于将图像分块或平面化。"像素化"滤镜组的菜单如图 4-92 所示。应用"像素化"滤镜组中的滤镜制作的图像对应效果如图 4-93 所示。

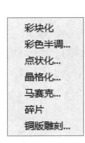

图 4-92

| 原图 | 彩块化 | 彩色半调 | 点状化 |

| 晶格化 | 马赛克 | 碎片 | 铜版雕刻 |

图 4-93

**课堂演练——制作宝宝成长照片模板**

　　使用"艺术效果"滤镜命令制作背景的海报效果,使用黑白、色阶和曲线调整层调整图片颜色,使用"文字"工具添加文字。最终效果参看资源包中的"源文件\项目四\课堂演练　制作宝宝成长照片模板.psd",如图 4-94 所示。

★ 微视频

制作宝宝成长
照片模板

图 4-94

## 任务三　制作婚纱照片模板

### 任务分析

　　拍摄婚纱照是当下年轻人结婚的必要活动,人们用照片将人生这个重要的时刻记录下来。婚纱照片模板主要是将婚纱照片进行艺术加工处理,达到美观、装饰的效果。本任务要制作婚纱照片模板,要求能体现出幸福快乐、温馨浪漫的主题。

## 设计理念

　　在设计思路上，浅绿色背景营造出清新淡雅的氛围，衬托出了照片幸福快乐的感觉；背景与前景形成对比，再添加具有修饰效果的装饰花纹，使画面产生远近变化和层次感；使用纤细轻巧的字体作为搭配，提升了画面的美感。最终效果参看资源包中的"源文件\项目四\任务三　制作婚纱照片模板.psd"，如图 4-95 所示。

图 4-95

## 任务实施

1. 制作背景效果

**STEP❶** 按 Ctrl＋N 组合键，新建一个文件，宽度为 15 厘米，高度为 10 厘米，分辨率为 300 像素/英寸，颜色模式为 RGB，背景内容为白色，单击"确定"按钮。将前景色设置为浅绿色（其 R、G、B 的值分别为 236、242、208）。按 Alt＋Delete 组合键，用前景色填充"背景"图层，效果如图 4-96 所示。

**STEP❷** 新建图层并将其命名为"矩形 1"。将前景色设置为白色。选择"矩形选框"工具 ▦ ，绘制一个矩形选区。按 Alt＋Delete 组合键，用前景色填充选区。按 Ctrl＋D 组合键，取消选区，效果如图 4-97 所示。在"图层"控制面板上方，将该图层的"不透明度"设置为 50％，图像效果如图 4-98 所示。

**STEP❸** 新建图层并将其命名为"矩形 2"。将前景色设置为绿色（其 R、G、B 的值分别为 214、238、192）。选择"矩形选框"工具 ▦ ，绘制一个矩形选区。按 Alt＋Delete 组合键，用前景色填充矩形选区。按 Ctrl＋D 组合键，取消选区，效果如图 4-99 所示。

★ 微视频

制作婚纱照片模板1

图 4-96　　　　　　　　　　图 4-97

图 4-98

图 4-99

STEP ④ 单击"图层"控制面板下方的"添加图层样式"按钮 fx.，在弹出的菜单中选择"投影"命令，弹出对话框，选项设置如图 4-100 所示。单击"确定"按钮，效果如图 4-101 所示。

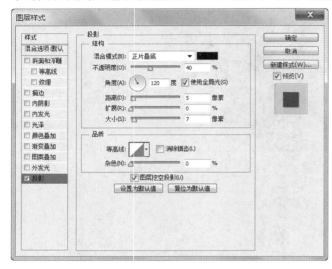

图 4-100

图 4-101

**2. 添加相册**

STEP ① 按 Ctrl＋O 组合键，打开资源包中的"素材文件\项目四\任务三　制作婚纱照片模板 \01.jpg"文件。选择"移动"工具 ▸+，将图片拖曳到图像窗口中的适当位置并调整其大小，效果如图 4-102 所示。在"图层"控制面板中生成新的图层并将其命名为"人物照片"，如图 4-103 所示。

图 4-102

图 4-103

★ 微视频

制作婚纱照片模板2

STEP ② 按 Ctrl＋T 组合键，图像周围出现变换框，在变换框中右击，在弹出的快捷菜单中选择"水平翻转"命令，翻转图像，效果如图 4-104 所示。在"图层"控制面板上方，将该图层的混合模式选项设置为"正片叠底"，图像效果如图 4-105 所示。

图 4-104　　　　　　　　　　　　　　　　　　　图 4-105

**STEP ③** 新建图层并将其命名为"边角"。将前景色设置为白色。选择"多边形套索"工具，绘制一个三角形选区。按 Alt＋Delete 组合键,用前景色填充三角形选区,按 Ctrl＋D 组合键,取消选区,效果如图 4-106 所示。

**STEP ④** 新建图层并将其命名为"边角阴影"。将前景色设置为黑色。选择"多边形套索"工具，绘制一个三角形选区,按 Alt＋Delete 组合键,用前景色填充三角形选区,按 Ctrl＋D 组合键,取消选区,效果如图 4-107 所示。在"图层"控制面板上方,将该图层的"不透明度"设置为 50％,图像效果如图 4-108 所示。

图 4-106　　　　　　　　图 4-107　　　　　　　　图 4-108

**STEP ⑤** 将"边角阴影"图层拖曳到"边角"图层的下方,如图 4-109 所示,图像效果如图 4-110 所示。选取"边角"图层和"边角阴影"图层,单击控制面板下方的"链接图层"按钮，如图 4-111 所示。

图 4-109　　　　　　　图 4-110　　　　　　　图 4-111

**STEP ⑥** 将"边角阴影"图层和"边角"图层拖曳到"图层"控制面板下方的"创建新图层"按钮上进行复制图层。选择"移动"工具，将副本图形拖曳至适当的位置,效果如图 4-112 所示。按 Ctrl＋T 组合键,图像周围出现变换框,在变换框中右击,在弹出的快捷菜单中选择"水平翻转"命令,翻转图形,按 Enter 键确认操作,效果如图 4-113 所示。用相同的方法制作其他图形,效果如图 4-114 所示。

图 4-112                                              图 4-113

**STEP 7** 新建图层并将其命名为"相框 1"。选择"圆角矩形"工具 ，在其属性栏的"选择工具模式"选项下拉列表中选择"像素"，在图像窗口中拖曳鼠标绘制一个圆角矩形，效果如图 4-115 所示。

图 4-114                                              图 4-115

**STEP 8** 单击"图层"控制面板下方的"添加图层样式"按钮 **fx.**，在弹出的菜单中选择"描边"命令，弹出对话框，将描边颜色设置为绿色（其 R、G、B 的值分别为 214、238、192），其他选项的设置如图 4-116 所示。单击"确定"按钮，效果如图 4-117 所示。

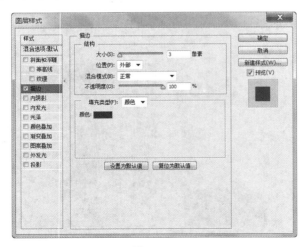

图 4-116                                              图 4-117

**STEP 9** 按 Ctrl＋O 组合键，打开资源包中的"素材文件\项目四\任务三　制作婚纱照片模板\01.jpg"文件。选择"移动"工具 **▶+**，将人物图片拖曳到图像窗口中的适当位置并调整其大小，效果如图 4-118 所示。在"图层"控制面板中生成新的图层并将其命名为"人物照片 1"。

图 4-118

**STEP⑩** 按 Ctrl＋Alt＋G 组合键,为图层创建剪贴蒙版,如图 4-119 所示,图像效果如图 4-120 所示。用相同的方法制作其他图片,效果如图 4-121 所示。

图 4-119

图 4-120

图 4-121

### 3.添加装饰图形

**STEP①** 按 Ctrl＋O 组合键,打开资源包中的"素材文件\项目四\任务三 制作婚纱照片模板\04.png"文件。选择"移动"工具 ,将花纹图片拖曳到图像窗口中的适当位置并调整其大小,效果如图 4-122 所示。在"图层"控制面板中生成新的图层并将其命名为"花纹"。将"花纹"图层拖曳至"边角阴影"图层的下方(见图 4-123),效果如图 4-124 所示。

图 4-122

图 4-123

图 4-124

**STEP②** 按 Ctrl＋O 组合键,打开资源包中的"素材文件\项目四\任务三 制作婚纱照片模板\05.png\06.png"文件。选择"移动"工具 ,分别将"05.png""06.png"图片拖曳到图像窗口中的适当位置并调整其大小,效果如图 4-125 所示。在"图层"控制面板中分别生成新的图层并分别将其命名为"文字""花朵"。

**STEP③** 将"花朵"图层拖曳到控制面板下方的"创建新图层"按钮 上,复制图层。选择"移动"工具 ,将副本图形拖曳至图像窗口的适当位置,效果如图 4-126 所示。

★ 微视频

制作婚纱照片模板3

图 4-125 图 4-126

**STEP④** 按 Ctrl＋O 组合键,打开资源包中的"素材文件\项目四\任务三　制作婚纱照片模板\07. png、08. png、09. png"文件。选择"移动"工具 ，将"07. png""08. png""09. png"图片分别拖曳到图像窗口中的适当位置并调整其大小,效果如图 4-127 所示。在"图层"控制面板中生成新的图层并分别将其命名为"蝴蝶""装饰""箭头"。

**STEP⑤** 选择"横排文字"工具 ，输入需要的文字并选取文字,在其属性栏中选择合适的字体并设置文字大小,效果如图 4-128 所示。婚纱照片模板制作完成。

图 4-127 图 4-128

 **知识讲解**

**1. 通道面板**

"通道"控制面板可以管理所有的通道并对通道进行编辑。打开一张照片,选择"窗口>通道"命令,弹出"通道"控制面板,如图 4-129 所示。

在"通道"控制面板中,放置区用于存放当前的图像中存在的所有通道。在通道放置区中,如果选中的只是其中一个通道,则只有此通道处于选中状态,此时该通道上会出现一个蓝色条,如果想选中多个通道,可以按住 Shift 键,再单击其他通道。通道左边的"眼睛"图标 用于显示或隐藏颜色通道。

单击"通道"控制面板右上方的 按钮,弹出其下拉命令菜单,如图 4-130 所示。

在"通道"控制面板的底部有 4 个工具按钮,如图 4-131 所示。从左到右依次为"将通道作为选区载入"按钮 、"将选区存储为通道"按钮 、"创建新通道"按钮 和"删除当前通道"按钮 。

图 4-129　　　　　　图 4-130　　　　　　图 4-131

"将通道作为选区载入"按钮 ⊙ 用于将通道中的选择区域调出;"将选区存储为通道"按钮 ▣ 用于将选择区域存入通道中,并可在后面调出来制作一些特殊效果;"创建新通道"按钮 ▣ 用于创建或复制一个新的通道,此时建立的通道即为 Alpha 通道,单击该工具按钮,即可创建一个新的 Alpha 通道;"删除当前通道"按钮 🗑 用于删除一个图像中的通道,将通道直接拖曳到"删除当前通道"按钮 🗑 上,即可删除通道。

2.通道混和器

"通道混和器"命令用于调整图像通道中的颜色。选择"通道混和器"命令,弹出"通道混和器"对话框,如图 4-132 所示。在"通道混和器"对话框中,"输出通道"选项可以选取要修改的通道;"源通道"选项组可以通过拖曳滑块来调整图像;"常数"选项也可以通过拖曳滑块调整图像;"单色"选项可创建灰度模式的图像。

打开一幅图像,如图 4-133 所示。在"通道混和器"对话框中进行设置,图像效果如图 4-134 所示。所选图像的色彩模式不同,"通道混和器"对话框中的内容也不同。

图 4-132　　　　　　图 4-133　　　　　　图 4-134

3.亮度/对比度

选择"图像>调整>亮度/对比度"命令,弹出"亮度/对比度"对话框,如图 4-135 所示。在该对话框中,可以通过拖曳亮度和对比度滑块来调整图像的亮度和对比度,"亮度/对比度"命令调整的是整个图像的色彩。

打开一幅图像,如图 4-136 所示。设置图像的亮度/对比度,如图 4-137 所示。单击"确定"按钮,效果如图 4-138 所示。

图 4-135　　　　　　图 4-136　　　　　　图 4-137　　　　　　图 4-138

### 4.色彩平衡

"色彩平衡"命令用于调节图像的色彩平衡度。选择"色彩平衡"命令或按 Ctrl＋B 组合键,弹出"色彩平衡"对话框,如图 4-139 所示。

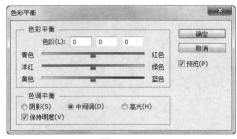

图 4-139

在该对话框中,"色调平衡"选项组用于设置选取图像的阴影、中间调、高光选项。"色彩平衡"选项组用于在上述选区中添加过渡色来平衡色彩效果,拖曳三角滑块可以调整整个图像的色彩,也可以在"色阶"选项的数值框中输入数值调整整个图像的色彩。"保持明度"选项用于保持原图像的亮度。

下面为调整色彩平衡后的图像效果,如图 4-140 和图 4-141 所示。

图 4-140　　　　　　　　　　　　　　　　图 4-141

### 5.反相

选择"反相"命令或按 Ctrl＋I 组合键,可以将图像或选区的像素反转为其补色,使其呈现底片效果。原图及不同色彩模式的图像反相后的效果,如图 4-142 所示。

原图　　　　　　　RGB色彩模式反相后的效果　　　CMYK色彩模式反相后的效果

图 4-142

### 6.图层的剪贴蒙版

图层剪贴蒙版是将相邻的图层编辑成剪贴蒙版。在图层剪贴蒙版中,最底下的图层是基层,基层图像的透明区域将遮住上方各层的该区域。制作剪贴蒙版,图层之间的实线变为虚线,基层图层名称下有一条下划线。

打开一幅图片,如图 4-143 所示。"图层"控制面板显示如图 4-144 所示。按住 Alt 键的同时,将鼠标指针放在"热气球"图层和"图形"图层的中间,鼠标指针变为图标,如图 4-145 所示。单击鼠标,创建剪贴蒙版,效果如图 4-146 所示。

图 4-143

图 4-144

图 4-145

图 4-146

如果要取消剪贴蒙版,可以选中剪贴蒙版组中上方的图层,选择"图层>释放剪贴蒙版"命令或按 Alt＋Ctrl＋G 组合键即可删除。

**课堂演练——制作个人写真照片模板**

★ 微视频

使用"图层蒙版"和"渐变"工具制作背景人物的融合,使用"羽化"命令和"矩形"工具制作图形的渐隐效果,使用"钢笔"工具、"描边"命令和"图层样式"命令制作线条,使用"矩形"工具和剪贴蒙版制作照片,使用"横排文字"工具添加文字。最终效果参看资源包中的"源文件\项目四\课堂演练　制作个人写真照片模板.psd",如图 4-147 所示。

制作个人写真
照片模板

图 4-147

**实战演练——制作青春个性照片模板**

**案例分析**

青春个性写真是目前大受年轻人追捧和喜爱的一种展现自我个性的艺术形式,希望通过摄影展现自身的魅力,所以本案例要求制作出具有特色的写真照片。

**设计理念**

在设计和制作过程中,画面背景使用灰白渐变的形式进行设计,突出时尚感。少女独具个性的装扮和动作展现了青春活力,中间的文字彰显了个性宣言,右侧的个性照片经过修饰处理,达到一种盛放的效果,使画面动感十足,充满新意。

 **制作要点**

使用图层蒙版和"画笔"工具制作照片的合成效果,使用"矩形"工具和"钢笔"工具制作立体效果,使用"多边形套索"工具和"羽化"命令制作图形阴影,使用"矩形"工具和"创建剪切蒙版"命令制作照片蒙版效果,使用"文字"工具添加模板文字。最终效果参看资源包中的"源文件\项目四\实战演练　制作青春个性照片模板.psd",如图 4-148 所示。

★ 微视频

制作青春个性
照片模板

图 4-148

**实战演练——制作童话故事照片模板**

 **案例分析**

童话故事照片模板是以童话故事的形式将照片进行艺术化处理,要求照片模板能体现出活泼天真的感觉,展现出童话般的效果和不一样的照片主题。

 **设计理念**

在设计和制作过程中,使用浅色的插画图形作为模板的背景,营造出温馨舒适的氛围。宝宝照片作为画面的主体,体现出孩子天真可爱的一面,同时增加人们的亲切感。字母与心形的设计活泼生动,与主题相呼应,展现出模板的设计主题。

 **制作要点**

使用图层蒙版和"画笔"工具制作图片的融合效果,使用色彩平衡和自然饱和度调整颜色,使用"自定形状"工具和"图层样式"命令添加装饰心形,使用"形状"工具、"横排文字"工具和"变形文字"工具添加介绍文字。最终效果参看资源包中的"源文件\项目四\实战演练　制作童话故事照片模板.psd",如图 4-149 所示。

图 4-149

★ 微视频

制作童话故事
照片模板

# 项目五
## 宣传单设计

宣传单对宣传活动和促销商品有着重要作用。宣传单通过派送、邮递等形式，可以有效地将信息传达给目标受众。本项目以制作各种不同类型的宣传单为例，介绍宣传单的设计思路和制作技巧。

### 📺 项目目标

- 掌握宣传单的设计思路
- 掌握宣传单的制作方法和技巧

## 任务一　制作茶馆宣传单

### ✏️ 任务分析

本任务是为某茶馆设计制作中秋优惠活动宣传单，主要介绍了中秋节期间的优惠活动，在设计上要求不仅体现出茶文化，更要突出优惠活动，能够传递给客户有用的信息。

### ◎ 设计理念

在设计制作过程中，使用一张茶具景象图体现宣传单主题，营造出茶文化的氛围，使用弱化背景的手法添加文字说明，表明宣传主题和目的。使用红底白字吸引客户的注意力关注优惠活动，层次分明的摆放让画面错落有致，整体画面给人简洁明了的感觉。最终效果参看资源包中的"源文件\项目五\任务一　制作茶馆宣传单.psd"，如图 5-1所示。

图 5-1

## 任务实施

### 1.添加底图和标题文字

**STEP①** 按 Ctrl+O 组合键,打开资源包中的"素材文件\项目五\任务一    制作茶馆宣传单\01.jpg"文件,如图 5-2 所示。将"背景"图层拖曳到"图层"控制面板下方的"创建新图层"按钮 🖺 上进行复制,生成新的图层"背景 副本"。

**STEP②** 选择"滤镜>模糊>高斯模糊"命令,在弹出的"高斯模糊"对话框中进行设置,如图 5-3 所示。单击"确定"按钮,效果如图 5-4 所示。

微视频

制作茶馆宣传单

图 5-2                        图 5-3                        图 5-4

**STEP③** 单击"图层"控制面板下方的"添加图层蒙版"按钮 🔲,为"背景 副本"图层添加图层蒙版,如图 5-5 所示。将前景色设置为黑色。选择"画笔"工具 🖌,在其属性栏中单击"画笔"选项右侧的按钮 ▾,在弹出的面板中选择需要的画笔形状,设置如图 5-6 所示。在图像窗口中拖曳鼠标擦除不需要的图像,效果如图 5-7 所示。

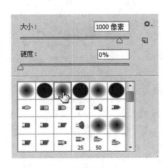

图 5-5                        图 5-6                        图 5-7

**STEP④** 将前景色设置为白色。选择"横排文字"工具 🔳,在适当的位置输入需要的文字并选取文字,在其属性栏中选择合适的字体并设置大小,效果如图 5-8 所示。在"图层"控制面板中生成新的文字图层。

**STEP⑤** 新建图层并将其命名为"红色圆"。将前景色设置为红色(其 R、G、B 的值分别为 186、4、4)。选择"椭圆"工具 🔵,在其属性栏的"选择工具模式"选项下拉列表中选择"像素",按住 Shift 键的同时,在图像窗口中拖曳鼠标绘制一个圆形,效果如图 5-9 所示。

**STEP⑥** 选择"横排文字蒙版"工具 ，在红色圆形上输入需要的文字并选取文字，在其属性栏中选择合适的字体并设置大小，效果如图 5-10 所示。按 Delete 键，删除选区中的图像。按 Ctrl＋D 组合键，取消选区，图像效果如图 5-11 所示。

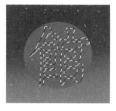

图 5-8                     图 5-9                     图 5-10                    图 5-11

**STEP⑦** 将前景色设置为白色。选择"横排文字"工具 ，在适当的位置输入需要的文字并选取文字，在其属性栏中选择合适的字体并设置大小，按 Alt＋← 组合键，调整文字到适当的间距，效果如图 5-12 所示。在"图层"控制面板中生成新的文字图层。

**STEP⑧** 新建图层并将其命名为"横线"。选择"直线"工具 ，在其属性栏的"选择工具模式"选项下拉列表中选择"像素"，将"粗细"设置为 5 像素，按住 Shift 键的同时，在图像窗口中绘制一条横线，效果如图 5-13 所示。

图 5-12                                  图 5-13

**STEP⑨** 选择"直排文字"工具 ，在适当的位置输入需要的文字并选取文字，在其属性栏中选择合适的字体并设置大小，效果如图 5-14 所示。在"图层"控制面板中生成新的文字图层。

**STEP⑩** 按 Ctrl＋T 组合键，弹出"字符"控制面板，将"行距" 设置为 7，其他选项的设置如图 5-15 所示。按 Enter 键确认操作，效果如图 5-16 所示。

图 5-14                     图 5-15                     图 5-16

### 2. 添加宣传性文字

**STEP①** 新建图层并将其命名为"色块"。选择"多边形套索"工具 ，在图像窗口中绘制选区，如图 5-17 所示。按 Alt＋Delete 组合键，用前景色填充选区。按 Ctrl＋D 组合键，取消选区，效果如图 5-18 所示。

**STEP 2** 在"图层"控制面板上方,将"色块"图层的"不透明度"设置为60%,如图5-19所示,图像效果如图5-20所示。

图5-17　　　　　　图5-18　　　　　　图5-19　　　　　　图5-20

**STEP 3** 将前景色设置为黑色。选择"横排文字"工具 T,在适当的位置输入需要的文字并选取文字,在其属性栏中选择合适的字体并设置大小,效果如图5-21所示。在"图层"控制面板中生成新的文字图层。

**STEP 4** 将前景色设置为红色(其R、G、B的值分别为186、4、4)。选择"横排文字"工具 T,在适当的位置输入需要的文字并选取文字,在其属性栏中选择合适的字体并设置大小,效果如图5-22所示。在"图层"控制面板中生成新的文字图层。

**STEP 5** 新建图层并将其命名为"红色"。选择"椭圆"工具 ,在其属性栏的"选择工具模式"选项下拉列表中选择"像素",按住Shift键的同时,在图像窗口中拖曳鼠标绘制一个圆形。选择"直线"工具 ,按住Shift键的同时,在图像窗口中绘制一条直线,效果如图5-23所示。

**STEP 6** 将前景色设置为白色。选择"横排文字"工具 T,在适当的位置输入需要的文字并选取文字,在其属性栏中选择合适的字体并设置大小,效果如图5-24所示。在"图层"控制面板中生成新的文字图层。

图5-21　　　　　　图5-22　　　　　　图5-23　　　　　　图5-24

**STEP 7** 将前景色设置为黑色。选择"横排文字"工具 T,在适当的位置输入需要的文字并选取文字,在其属性栏中选择合适的字体并设置大小。按Alt+←组合键,调整文字到适当的间距,效果如图5-25所示。在"图层"控制面板中生成新的文字图层。

**STEP 8** 将前景色设置为红色(其R、G、B的值分别为186、4、4)。选择"横排文字"工具 T,在适当的位置输入需要的文字并选取文字,在其属性栏中选择合适的字体并设置大小,效果如图5-26所示。在"图层"控制面板中生成新的文字图层。使用相同的方法制作其他图形和文字,效果如图5-27所示。

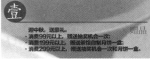

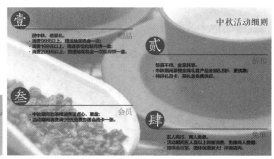

图 5-25       图 5-26       图 5-27

**STEP 9** 将前景色设置为黑色。选择"横排文字"工具 T ，在适当的位置输入需要的文字并选取文字，在其属性栏中选择合适的字体并设置大小，效果如图 5-28 所示。在"图层"控制面板中生成新的文字图层。茶馆宣传单制作完成，效果如图 5-29 所示。

图 5-28             图 5-29

 知识讲解

**1. 输入水平、垂直文字**

选择"横排文字"工具 T 或按 T 键，其属性栏如图 5-30 所示。

图 5-30

更改文本方向 ：用于选择文字输入的方向。

宋体 Regular ：用于设定文字的字体及属性。

T 12点 ：用于设定字体的大小。

aa 锐利 ：用于消除文字的锯齿，包括无、锐利、犀利、浑厚和平滑 5 个选项。

：用于设定文字的段落格式，分别是左对齐、居中对齐和右对齐。

颜色： ：用于设置文字的颜色。

创建文字变形 ：用于对文字进行变形操作。

切换字符和段落面板 ：用于打开"段落"和"字符"控制面板。

取消所有当前编辑 ：用于取消对文字的操作。

提交所有当前编辑 ：用于确定对文字的操作。

选择"直排文字"工具 ↓T，可以在图像中建立垂直文本，创建垂直文本工具属性栏和创建文本工具属性栏的功能基本相同。

2.输入段落文字

建立段落文字图层就是以段落文字框的方式建立文字图层。将"横排文字"工具 T 移动到图像窗口中，鼠标指针变为 ⬚ 图标。单击并按住鼠标左键不放，拖曳鼠标在图像窗口中创建一个段落定界框，插入点显示在定界框的左上角，如图 5-31 所示。段落定界框具有自动换行的功能，如果输入的文字较多，则当文字遇到定界框时，会自动换到下一行显示，输入文字，效果如图 5-32 所示。如果输入的文字需要分段落，可以按 Enter 键进行操作，还可以对定界框进行旋转、拉伸等操作。

图 5-31　　　　　　　　　　　　　　　　图 5-32

3.字符面板

Photoshop CS6 在处理文字方面较之以前的版本有飞跃性的突破。其中，"字符"控制面板可以用来编辑文本字符。

选择"窗口>字符"命令，弹出"字符"控制面板，如图 5-33 所示。

"设置字体系列"选项 Adobe 仿宋... ▼：选中字符或文字图层，单击选项右侧的 ▼ 按钮，在弹出的下拉菜单中选择需要的字体。

"设置字体大小"选项 12 点 ▼：选中字符或文字图层，在选项的数值框中输入数值，或单击选项右侧的 ▼ 按钮，在弹出的下拉菜单中选择需要的字体大小数值。

图 5-33

"垂直缩放"选项 IT 100%：选中字符或文字图层，在选项的数值框中输入数值，可以调整字符的长度，效果如图 5-34 所示。

数值为100%时文字效果　　　数值为150%时文字效果　　　数值为200%时文字效果

图 5-34

"设置所选字符的比例间距"选项 ⊕ 0% ▼：选中字符或文字图层，在数值框中选择百分比数值，可以对所选字符的比例间距进行细微的调整，效果如图 5-35 所示。

数值为0%时文字效果　　　　　　数值为100%时文字效果

图 5-35

"设置所选字符的字距调整"选项：选中需要调整字距的文字段落或文字图层，在数值框中输入数值，或单击选项右侧的 ▾ 按钮，在弹出的下拉菜单中选择需要的字距数值，可以调整文本段落的字距。输入正值时，字距加大；输入负值时，字距缩小。效果如图 5-36 所示。

数值为0时文字效果　　　　　数值为100时文字效果　　　　　数值为-100时文字效果

图 5-36

"设置基线偏移"选项：选中字符，在数值框中输入数值，可以调整字符上、下移动。输入正值时，横排的字符上移，直排的字符右移；输入负值时，横排的字符下移，直排的字符左移。效果如图 5-37 所示。

选中字符　　　　　　　数值为20时文字效果　　　　　数值为-20时文字效果

图 5-37

"设定字符的形式"按钮 **T** *T* TT Tr T¹ T₁ T̲ T̶：从左到右依次为"仿粗体"按钮 **T**、"仿斜体"按钮 *T*、"全部大写字母"按钮 TT、"小型大写字母"按钮 Tr、"上标"按钮 T¹、"下标"按钮 T₁、"下划线"按钮 T̲ 和"删除线"按钮 T̶。选中字符或文字图层，单击需要的形式按钮，其效果如图 5-38 所示。

正常效果　　　　　　仿粗体效果　　　　　仿斜体效果

全部大写字母效果　　　小型大写字母效果　　　上标效果

下标效果　　　　　　下画线效果　　　　　删除线效果

图 5-38

"语言设置"选项 美国英语 ：单击选项右侧的 按钮，在弹出的下拉菜单中选择需要的语言字典。选择字典主要用于拼写检查和连字的设定。

"设置字体样式"选项 Regular ：选中字符或文字图层，单击选项右侧的 按钮，在弹出的下拉菜单中选择需要的字型。

"设置行距"选项 (自动) ：选中需要调整行距的文字段落或文字图层，在选项的数值框中输入数值，或单击选项右侧的 按钮，在弹出的下拉菜单中选择需要的行距数值，可以调整文本段落的行距，效果如图 5-39 所示。

数值为36时文字效果　　　数值为60时文字效果　　　数值为18时文字效果

图 5-39

"水平缩放"选项 100% ：选中字符或文字图层，在数值框中输入数值，可以调整字符的宽度，效果如图 5-40 所示。

数值为100%时文字效果　　　数值为120%时文字效果　　　数值为180%时文字效果

图 5-40

"设置两个字符间的字距微调"选项 VA 0 ：使用文字工具在两个字符间单击，插入鼠标指针，在选项的数值框中输入数值或单击选项右侧的 按钮，在弹出的下拉菜单中选择需要的字距数值。输入正值时，字符的间距会加大；输入负值时，字符的间距会缩小。效果如图 5-41 所示。

数值为0时文字效果　　　数值为200时文字效果　　　数值为-200时文字效果

图 5-41

"设置文本颜色"选项 颜色: ：选中字符或文字图层，在颜色框中单击，弹出"拾色器"对话框，在对话框中设定需要的颜色，单击"确定"按钮，可以改变文字的颜色。

"设置消除锯齿的方法"选项 aa 锐利 ：可以选择无、锐利、犀利、浑厚和平滑 5 种消除锯齿的方式，效果如图 5-42 所示。

无　　　锐利　　　犀利　　　浑厚　　　平滑

图 5-42

### 4.段落面板

"段落"控制面板可以用来编辑文本段落。下面具体介绍"段落"控制面板的内容。

选择"窗口>段落"命令，弹出"段落"控制面板，如图 5-43 所示。

图 5-43

在控制面板中,选项用来调整文本段落中每行对齐的方式:左对齐文本、居中对齐文本和右对齐文本;选项用来调整段落的对齐方式:最后一行左对齐、最后一行居中对齐和最后一行右对齐;选项用来设置整个段落中的行两端对齐:全部对齐。

另外,通过输入数值还可以调整段落文字的左缩进、右缩进、首行缩进、段前添加空格和段后添加空格。

"左缩进"选项:在选项中输入数值可以设置段落左端的缩进量。

"右缩进"选项:在选项中输入数值可以设置段落右端的缩进量。

"首行缩进"选项:在选项中输入数值可以设置段落第一行的左端缩进量。

"段前添加空格"选项:在选项中输入数值可以设置当前段落与前一段落的距离。

"段后添加空格"选项:在选项中输入数值可以设置当前段落与后一段落的距离。

"避头尾法则设置"和"间距组合设置"选项可以设置段落的样式;"连字"选项为连字符选框,用来确定文字是否与连字符连接。

此外,单击"段落"控制面板右上方的按钮,还可以弹出"段落"控制面板的下拉命令菜单,如图 5-44 所示。

"罗马式溢出标点"命令:为罗马悬挂标点。

"顶到顶行距"命令:用于设置段落行距为两行文字顶部之间的距离。

"底到底行距"命令:用于设置段落行距为两行文字底部之间的距离。

"对齐"命令:用于调整段落中文字的对齐。

"连字符连接"命令:用于设置连字符。

"单行书写器"命令:为单行编辑器。

"多行书写器"命令:为多行编辑器。

"复位段落"命令:用于恢复"段落"控制面板的默认值。

图 5-44

### 5.文字变形

根据需要可以将输入完成的文字进行各种变形。打开一幅图像,按 T 键,选择"横排文字"工具,在文字工具属性栏中设置文字的属性,如图 5-45 所示。

图 5-45

将"横排文字"工具移动到图像窗口中,鼠标指针将变成图标。在图像窗口中单击,此时出现一个文字的插入点,输入需要的文字,文字将显示在图像窗口中,效果如图 5-46 所示。单击文字工具属性栏中的"创建文字变形"按钮,弹出"变形文字"对话框,如图 5-47 所示。其中"样式"选项中有 15 种文字的变形效果,如图 5-48 所示。

图 5-46

图 5-47

图 5-48

文字的多种变形效果,如图 5-49 所示。

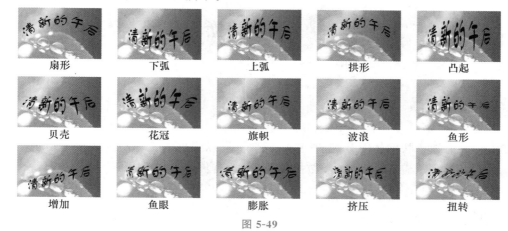

图 5-49

### 6.合并图层

"向下合并"命令用于向下合并图层。单击"图层"控制面板右上方的按钮,在弹出的菜单中选择"向下合并"命令或按 Ctrl＋E 组合键即可向下合并图层。

"合并可见图层"命令用于合并所有可见层。单击"图层"控制面板右上方的按钮,在弹出的菜单中选择"合并可见图层"命令或按 Shift＋Ctrl＋E 组合键即可合并所有可见层。

"拼合图像"命令用于合并所有的图层。单击"图层"控制面板右上方的按钮,在弹出的菜单中选择"拼合图像"命令。

### 课堂演练——制作儿童摄影宣传单

使用"画笔"工具绘制背景圆形,使用"创建变形文字"命令制作广告语的扭曲变形效果,使用"添加图层样式"命令制作特殊文字效果,使用"创建剪贴蒙版"命令制作旗帜图形,使用"自定形状"工具添加背景图案。最终效果参看资源包中的"源文件\项目五\课堂演练 制作儿童摄影宣传单.psd",如图 5-50 所示。

★ 微视频 　　★ 微视频

制作儿童摄影宣传单1　　制作儿童摄影宣传单2

图 5-50

 制作旅游宣传单

### 任务分析

　　旅游是一种轻松愉快的休闲方式,通过旅游,人们可以到更多的地方感受不一样的风景。本任务是为某旅游团制作旅游活动宣传单,要求活动信息为宣传单的主要内容。

### 设计理念

　　在设计和制作过程中,通过背景图片展示出旅游过程中看到的风景,同时使用近大远小的关系使画面具有空间感。通过对宣传文字的设计,给人自由活泼的印象。其他介绍性文字醒目直观,使信息的传达明确清晰,让消费者能够快速吸收信息。整体画面简洁突出,宣传性强。最终效果参看资源包中的"源文件\项目五\任务二　制作旅游宣传单.psd",如图 5-51 所示。

★ 微视频

制作旅游宣传单

图 5-51

### 任务实施

　　**STEP ❶** 按 Ctrl＋N 组合键,新建一个文件,宽度为 23 厘米,高度为 22.23 厘米,分辨率为 72 像素/英寸,颜色模式为 RGB,背景内容为白色,单击"确定"按钮。

　　**STEP ❷** 选择"渐变"工具 ,单击属性栏中的"点按可编辑渐变"按钮 ,弹出"渐变编辑器"对话框,在"位置"选项中分别输入 0、32、76 三个位置点,分别设置三个位置点颜色的 RGB 值为:0(125、214、193),32(231、228、132),76(255、255、255),如图 5-52 所示。单击"确定"按钮,在其属性栏中单击"线性渐变"按钮 ,在图像窗口中从上到下拖曳鼠标填充渐变色,效果如图 5-53 所示。

**STEP 3** 按 Ctrl＋O 组合键,打开资源包中的"素材文件\项目五\任务二　制作旅游宣传单\01.png"文件。选择"移动"工具 ,将动物图片拖曳到图像窗口中适当的位置,效果如图 5-54 所示,在"图层"控制面板中生成新的图层并将其命名为"动物"。

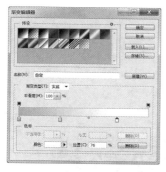

图 5-52

图 5-53

图 5-54

**STEP 4** 将前景色设置为白色。选择"横排文字"工具 T,在适当的位置输入需要文字并选取文字,在其属性栏中选择合适的字体并设置文字大小,按 Alt＋←组合键,调整文字到适当间距,效果如图 5-55 所示。在"图层"控制面板中生成新的文字图层。

**STEP 5** 单击"图层"控制面板下方的"添加图层样式"按钮 fx,在弹出的菜单中选择"描边"命令,弹出对话框,将描边颜色设置为白色,其他选项的设置如图 5-56 所示。

图 5-55

图 5-56

**STEP 6** 选择"渐变叠加"选项,切换到相应的对话框,单击"渐变"选项右侧的"点按可编辑渐变"按钮 ,弹出"渐变编辑器"对话框,将渐变颜色设置为从深蓝色(其 R、G、B 的值分别为 0、89、89)到浅蓝色(其 R、G、B 的值分别为 64、176、176),如图 5-57 所示。单击"确定"按钮,返回"图层样式"对话框,其他选项的设置如图 5-58 所示。

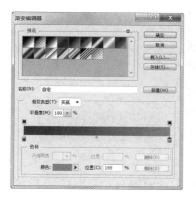

图 5-57

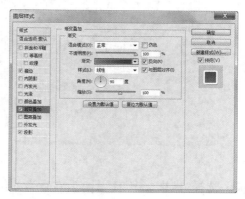

图 5-58

**STEP 7** 选择"投影"选项,将投影颜色设置为绿色(其 R、G、B 的值分别为 156、207、187),其他选项的设置如图 5-59 所示。单击"确定"按钮,效果如图 5-60 所示。

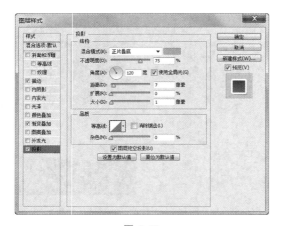

图 5-59 图 5-60

**STEP 8** 选择"横排文字"工具 T,单击属性栏中的"创建变形文本"按钮,在弹出的"变形文字"对话框中进行设置,如图 5-61 所示。单击"确定"按钮,效果如图 5-62 所示。

**STEP 9** 将前景色设置为白色。选择"横排文字"工具 T,在其属性栏中选择合适的字体并设置文字大小,在适当的位置输入需要文字并选取文字,按 Alt＋← 组合键,调整文字到适当间距,效果如图 5-63 所示。在"图层"控制面板中生成新的文字图层。

图 5-61 图 5-62 图 5-63

**STEP 10** 单击"图层"控制面板下方的"添加图层样式"按钮 fx,在弹出的菜单中选择"投影"命令,在弹出的对话框中设置相关选项,如图 5-64 所示。单击"确定"按钮,效果如图 5-65 所示。

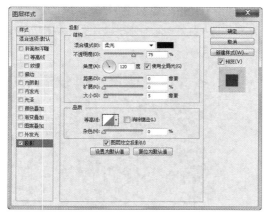

图 5-64 图 5-65

**STEP 11** 选择"横排文字"工具 T,在适当的位置分别输入暗绿色(其 R、G、B 的值分别为 39、109、93)和草绿色(其 R、G、B 的值分别为 84、128、94)文字,在其属性栏中分别选择合适的字体并设置文字大小,按 Alt+←组合键,适当调整文字间距,效果如图 5-66 所示。在"图层"控制面板中分别生成新的文字图层。

STEP⑫ 选中文字"0 利让利……无限风景",在其属性栏中选择合适的字体并设置文字大小,填充文字为深绿色(其 R、G、B 值分别为 62、110、73),效果如图 5-67 所示。

<table>
<tr><td>图 5-66</td><td>图 5-67</td></tr>
</table>

STEP⑬ 按 Ctrl+O 组合键,打开资源包中的"素材文件\项目五\任务二　制作旅游宣传单\02.png"文件。选择"移动"工具 ,将"02.png"图片拖曳到图像窗口中适当的位置,效果如图 5-68 所示。在"图层"控制面板中生成新的图层并将其命名为"会话框"。

STEP⑭ 将前景色设置为绿色(其 R、G、B 值分别为 158、158、158)。选择"横排文字"工具 T,在适当的位置输入需要的文字并选取文字,在其属性栏中选择合适的字体并设置文字大小,如图 5-69 所示。在"图层"控制面板中生成新的文字图层。选中文字"注册大奖",在其属性栏中选择合适的字体并设置文字大小,填充文字为深绿色(其 R、G、B 值分别为 99、112、38),效果如图 5-70 所示。使用相同的方法制作如图 5-71 所示的效果。

<table>
<tr><td>图 5-68</td><td>图 5-69</td></tr>
</table>

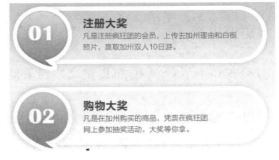

<table>
<tr><td>图 5-70</td><td>图 5-71</td></tr>
</table>

STEP⑮ 按 Ctrl+O 组合键,打开资源包中的"素材文件\项目五\任务二　制作旅游宣传单\03.png"文件。选择"移动"工具 ,将"03.png"图片拖曳到图像窗口中适当的位置,效果如图 5-72 所示,在"图层"控制面板中生成新的图层并将其命名为"人物"。

**STEP 16** 新建图层并将其命名为"黑色块"。将前景色设置为黑色。选择"矩形"工具 ▣，在其属性栏的"选择工具模式"选项下拉列表中选择"像素"，在图像窗口的适当位置拖曳鼠标绘制矩形，效果如图 5-73 所示。

图 5-72

图 5-73

**STEP 17** 选择"钢笔"工具 ✎，在图像窗口中绘制一条路径，如图 5-74 所示。选择"横排文字"工具 T，在其属性栏中选择合适的字体并设置文字大小，将鼠标移动到路径的边缘，当鼠标指针变为 ✗ 图标时，单击输入白色文字并选取文字，按 Alt＋→组合键，调整文字间距，效果如图 5-75 所示。在"图层"控制面板中生成新的文字图层。按 Enter 键隐藏路径。旅游宣传单制作完成，效果如图 5-76 所示。

图 5-74

图 5-75

图 5-76

## 知识讲解

　　在 Photoshop CS6 中，可以把文本沿着路径放置，这样的文字还可以在 Illustrator 中直接编辑。

　　打开一幅图像，按 P 键，选择"椭圆"工具 ●，在图像中绘制圆形，如图 5-77 所示。选择"横排文字"工具 T，在文字工具属性栏中设置文字的属性，如图 5-78 所示。当鼠标指针停放在路径上时会变为 ✗ 图标时，如图 5-79 所示。单击路径会出现闪烁的光标，此处成为输入文字的起始点，输入的文字会按照路径的形状进行排列，效果如图 5-80 所示。

　　文字输入完成后，在"路径"控制面板中会自动生成文字路径层，如图 5-81 所示。取消"视图>显示额外内容"命令的选中状态，可以隐藏工作路径，效果如图 5-82 所示。

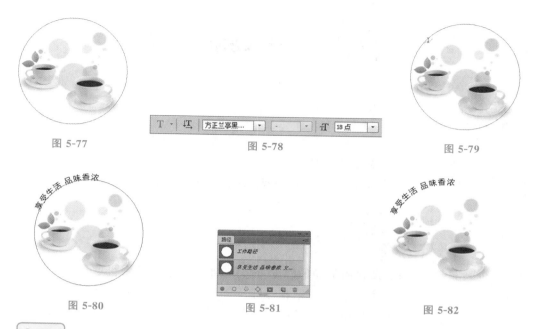

图 5-77　　　　　　　　　图 5-78　　　　　　　　　图 5-79

图 5-80　　　　　　　　　图 5-81　　　　　　　　　图 5-82

> **提示**
>
> 　　"路径"控制面板中文字路径层与"图层"控制面板中相应的文字图层是相链接的,删除文字图层时,文字的路径层会自动被删除,删除其他工作路径不会对文字的排列有影响。如果要修改文字的排列形状,需要对文字路径进行修改。

### 课堂演练——制作奶茶宣传单

　　使用"横排文字"工具添加文字信息,使用"钢笔"工具和"横排文字"工具制作路径文字效果,使用"矩形"工具和"椭圆"工具绘制装饰图形。最终效果参看资源包中的"源文件\项目五\课堂演练　制作奶茶宣传单.psd",如图 5-83 所示。

★ 微视频

制作奶茶宣传单

图 5-83

## 任务三　制作饮水机宣传单

### 任务分析

　　饮水机是将桶装纯净水升温或降温并方便人们饮用的装置，是现代人居家生活的必备用品。本任务是为某电器公司制作饮水机宣传单，要求能体现出饮水机的品质和产品特色。

### 设计理念

　　宣传单的背景使用白色，凸显出洁净的感觉，前方以水柱缠绕的饮水机形象，形成强烈的视觉冲击，突出宣传主题，文字的设计编排与主题相呼应。整个宣传单设计清新明快，给人干净清爽的印象。最终效果参看资源包中的"源文件\项目五\任务三　制作饮水机宣传单.psd"，如图 5-84 所示。

图 5-84

### 任务实施

　　**STEP 1** 按 Ctrl＋O 组合键，打开资源包中的"素材文件\项目五\任务三　制作饮水机宣传单\01.jpg"文件，如图 5-85 所示。将前景色设置为深蓝色（其 R、G、B 的值分别为 0、54、124）。选择"横排文字"工具 T，在其属性栏中选择合适的字体并设置大小，在图像窗口中输入需要的文字，如图 5-86 所示。在"图层"控制面板中生成新的文字图层。

★ 微视频

制作饮水机宣传单

图 5-85

图 5-86

**STEP ②**　选择"图层>栅格化>文字"命令,将文字图层转换为图像图层。选择"套索"工具 ，
在"健"字下方绘制选区,如图 5-87 所示。按 Delete 键,将选区中的图像删除。按 Ctrl＋D 组合键,
取消选区,效果如图 5-88 所示。用相同的方法删除其他不需要的图像,效果如图 5-89 所示。

健　健

图 5-87　　　　　图 5-88　　　　　　　　　　　图 5-89

**STEP ③**　选择"套索"工具 ，圈选文字"健",如图 5-90 所示。选择"移动"工具 ，将文字向
上拖曳到适当的位置。按 Ctrl＋D 组合键,取消选区,效果如图 5-91 所示。用相同的方法调整其他
文字的位置,效果如图 5-92 所示。

**STEP ④**　将前景色设置为深蓝色(其 R、G、B 的值分别为 0、54、124)。新建图层并命名为"图
层 1"。选择"钢笔"工具 ，在其属性栏的"选择工具模式"选项下拉列表中选择"路径",在图像窗
口中拖曳鼠标绘制多个闭合路径,如图 5-93 所示。

图 5-90

图 5-91

图 5-92                                                图 5-93

**STEP 5** 按 Ctrl＋Enter 组合键，将路径转化为选区。按 Alt＋Delete 组合键，用前景色填充选区，按 Ctrl＋D 组合键，取消选区，效果如图 5-94 所示。在"图层"控制面板中，按住 Shift 键的同时，将"图层 1"图层和"健康饮水起来"图层同时选取，按 Ctrl＋E 组合键，合并图层，并将其命名为"文字"。

**STEP 6** 将前景色设置为白色。在"图层"控制面板中，按住 Ctrl 键的同时，单击"文字"图层的图层缩览图，在文字图像周围生成选区。按 Alt＋Delete 组合键，用前景色填充选区，按 Ctrl＋D 组合键，取消选区，效果如图 5-95 所示。

图 5-94                                                图 5-95

**STEP 7** 单击"图层"控制面板下方的"添加图层样式"按钮 ，在弹出的下拉菜单中选择"斜面和浮雕"选项，在弹出的对话框中进行设置，如图 5-96 所示。选择"描边"选项，弹出对话框，将描边颜色设置为深蓝色（其 R、G、B 的值分别为 27、52、97），其他选项的设置如图 5-97 所示，单击"确定"按钮，效果如图 5-98 所示。

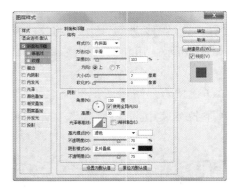

图 5-96                          图 5-97                          图 5-98

**STEP 8** 按 Ctrl＋O 组合键，打开资源包中的"素材文件\项目五\任务三　制作饮水机宣传单\02.png"文件。选择"移动"工具 ，拖曳"02.png"图片到图像窗口中的适当位置，在"图层"控制面板中生成新的图层并将其命名为"水滴"，效果如图 5-99 所示。按 Ctrl＋Alt＋G 组合键，为"水滴"图层创建剪贴蒙版，效果如图 5-100 所示。

图 5-99

图 5-100

**STEP 9** 将前景色设置为墨绿色（其 R、G、B 的值分别为 0、61、30）。新建图层并将其命名为"活"。选择"钢笔"工具 ，在其属性栏的"选择工具模式"选项下拉列表中选择"路径"，在图像窗口中拖曳鼠标绘制多个闭合路径，如图 5-101 所示。按 Ctrl＋Enter 组合键，将路径转化为选区。按 Alt＋Delete 组合键，用前景色填充选区，按 Ctrl＋D 组合键，取消选区，效果如图 5-102 所示。

图 5-101

图 5-102

**STEP 10** 将前景色设置为绿色（其 R、G、B 的值分别为 76、183、72）。将"活"图层拖曳到控制面板下方的"创建新图层"按钮 上进行复制，生成新的副本图层。按住 Ctrl 键的同时，单击"活副本"的图层缩览图，图像周围生成选区，如图 5-103 所示。按 Alt＋Delete 组合键，用前景色填充选区，按 Ctrl＋D 组合键，取消选区，效果如图 5-104 所示。选择"移动"工具 ，按住 Shift 键的同时，垂直向上拖曳到适当的位置，效果如图 5-105 所示。

图 5-103

图 5-104

图 5-105

**STEP 11** 将前景色设置为黄绿色（其 R、G、B 的值分别为 218、220、49）。将"活 副本"图层拖曳到控制面板下方的"创建新图层"按钮 上进行复制，生成新的副本图层，并将其命名为"高光"。按住 Ctrl 键的同时，单击"高光"的图层缩览图，图像周围生成选区，如图 5-106 所示。

**STEP 12** 选择"选择>修改>收缩"命令，弹出"收缩选区"对话框，选项的设置如图 5-107 所示，单击"确定"按钮，效果如图 5-108 所示。

图 5-106

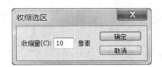
图 5-107

图 5-108

**STEP⓭** 选择"选择>修改>羽化"命令,弹出"羽化选区"对话框,选项的设置如图 5-109 所示。单击"确定"按钮,效果如图 5-110 所示。按 Alt＋Delete 组合键,用前景色填充选区,按 Ctrl＋D 组合键,取消选区,效果如图 5-111 所示。

图 5-109    图 5-110    图 5-111

**STEP⓮** 将前景色设置为白色。新建图层并将其命名为"高光 2"。选择"钢笔"工具，在其属性栏的"选择工具模式"选项下拉列表中选择"路径",在图像窗口中拖曳鼠标绘制多个闭合路径。按 Ctrl＋Enter 组合键,将路径转化为选区。按 Alt＋Delete 组合键,用前景色填充选区,按 Ctrl＋D 组合键,取消选区,效果如图 5-112 所示。饮水机宣传单制作完成,效果如图 5-113 所示。

图 5-112    图 5-113

### 知识讲解

"图层"控制面板中文字图层的效果如图 5-114 所示。选择"图层>栅格化>文字"命令,可以将文字图层转换为图像图层,如图 5-115 所示。也可右击文字图层,在弹出的快捷菜单中选择"栅格化文字"命令。

图 5-114    图 5-115

**课堂演练——制作促销宣传单**

　　使用"渐变"工具和"添加图层蒙版"命令制作背景效果,使用"文字"工具、"栅格化文字"命令和"钢笔"工具制作标题文字,使用"文字"工具输入宣传性文字。最终效果参看资源包中的"源文件\项目五\课堂演练　制作促销宣传单.psd",如图5-116所示。

图 5-116

 **实战演练——制作火锅美食宣传单**

**案例分析**

　　本案例是为某川味火锅店设计制作宣传单。以宣传火锅店十周年店庆为主,在宣传单设计上要突出火锅火热与麻辣的特色,展现出该店十周年店庆的热闹氛围。

**设计理念**

　　在设计思路上,使用红色作为画面背景色,营造出热闹、喜庆的氛围,同时给人吉祥喜气的印象,与宣传的主题相呼应。热气腾腾的火锅与食材在宣传单的中心位置,突出了宣传要点,让人感受到火锅的特色与美味,能引起人们的食欲;通过对文字的艺术加工,突出宣传的主题,用色与主体色相呼应,宣传性强。

📖 **制作要点**

　　使用"渐变"工具、"矩形选框"工具和"投影"命令制作背景图形,使用不透明度和"混合模式"命令调整图形,使用"钢笔"工具、"横排文字"工具和"添加图层样式"命令制作标题文字,使用"椭圆选框"工具、"横排文字"工具和"直线"工具添加宣传性文字。最终效果参看资源包中的"源文件\项目五\实战演练　制作火锅美食宣传单.psd",如图 5-117 所示。

图 5-117

制作火锅美食宣传单1

制作火锅美食宣传单2

制作火锅美食宣传单3

 **实战演练——制作街舞大赛宣传单**

✏️ **任务分析**

　　本案例是为某街舞大赛设计制作宣传单。参赛舞者惊人的创造力、令人惊叹的高难动作、最新潮的服装道具,加上多舞种竞技大聚会,绝对让人过目难忘。对于普通观众而言,此大赛宣传单的强烈视觉冲击力也会印象深刻。

© **设计理念**

　　在设计和制作过程中,使用红色的背景引起人们视觉的冲击,营造出热情、激烈的氛围。激情跳跃的人物形象和不规则的图形设计在点明宣传主题的同时,带给人积极、奔放、热烈的印象,易引发人们的共鸣,让人产生向往之情。文字的运用醒目突出,让人一目了然。

## 制作要点

使用"移动"工具添加素材图片,使用"钢笔"工具绘制装饰图形,使用图层的混合模式和不透明度制作图片的合成效果,使用"文本"工具添加文字信息。最终效果参看资源包中的"源文件\项目五\实战演练　制作街舞大赛宣传单.psd",如图 5-118 所示。

图 5-118

★ 微视频　　★ 微视频　　★ 微视频

制作街舞大赛宣传单1　制作街舞大赛宣传单2　制作街舞大赛宣传单3

# 项目六
# 广告设计

广告以多种形式出现在城市中,它是城市商业发展的写照。广告一般通过电视、报纸、霓虹灯等媒体来发布。好的广告能强化视觉冲击力,抓住观众的视线。本项目以制作多种题材的广告为例,介绍广告的设计方法和制作技巧。

 项目目标

- 掌握广告的设计思路和表现手段
- 掌握广告的制作方法和技巧

## 任务一　制作房地产广告

### 任务分析

本任务是为某房地产公司制作房产销售广告。要求表现出楼盘优雅的环境与完善的配套设施,在海报设计上要使用雅致的色彩搭配,能够让人耳目一新。

### 设计理念

在设计和绘制过程中,使用蓝色渐变作为海报的背景,使整个画面给人清新的视觉感受;运用黄色和白色等明度较高的颜色来点缀,吸引顾客的视线;文字块面化处理,使画面主次分明,整个画面贴合主题,能够吸引大众视线。最终效果参看资源包中的"源文件\项目六\任务一　制作房地产广告.psd",如图 6-1 所示。

图 6-1

**任务实施**

### 1.合成背景底图

**STEP 1** 按 Ctrl+N 组合键,新建一个文件,宽度为 21 厘米,高度为 29.7 厘米,分辨率为 300 像素/英寸,颜色模式为 RGB,背景内容为白色,单击"确定"按钮。

**STEP 2** 新建图层并将其命名为"色块"。选择"渐变"工具 ,单击属性栏中的"点按可编辑渐变"按钮 ,弹出"渐变编辑器"对话框,在"位置"选项中分别输入 0、73、100 三个位置点,分别设置三个位置点颜色的 RGB 值为 0(0、71、78),73(0、149、153),100(0、149、153),将位置点 100 的颜色"不透明度"设置为 0,如图 6-2 所示。在图像窗口中由上方至中心拖曳鼠标填充渐变色,效果如图 6-3 所示。

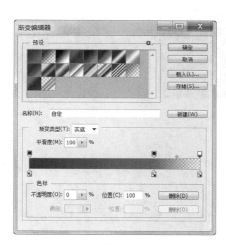

★ 微视频

制作房地产广告

图 6-2                    图 6-3

**STEP 3** 新建图层并将其命名为"色块 2"。选择"渐变"工具 ,单击属性栏中的"点按可编辑渐变"按钮 ,弹出"渐变编辑器"对话框,在"位置"选项中分别输入 0、82、100 三个位置点,分别设置三个位置点颜色的 RGB 值为 0(0、71、78),82(0、149、153),100(0、149、153),如图 6-4 所示。在图像窗口中由下至上拖曳鼠标填充渐变色,效果如图 6-5 所示。

图 6-4                    图 6-5

**STEP 4** 单击"图层"控制面板下方的"添加图层蒙版"按钮□，为"色块 2"图层添加图层蒙版，如图 6-6 所示。将前景色设置为黑色。选择"矩形选框"工具□，在图像窗口中绘制矩形选区，如图 6-7 所示。按 Alt＋Delete 组合键，用前景色填充选区。按 Ctrl＋D 组合键，取消选区，效果如图 6-8 所示。

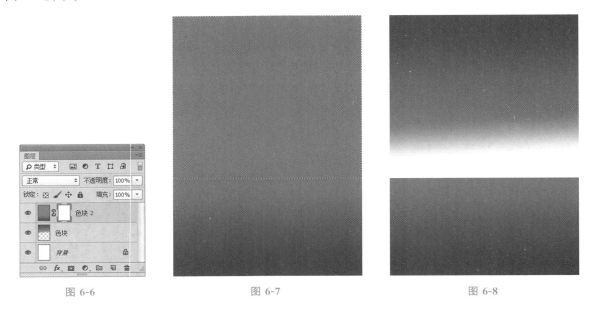

图 6-6　　　　　　　图 6-7　　　　　　　图 6-8

### 2.制作合成图像

**STEP 1** 按 Ctrl＋O 组合键，打开资源包中的"素材文件\项目六\任务一　制作房地产广告\01.png"文件。选择"移动"工具▶＋，将图片拖曳到图像窗口中适当的位置，效果如图 6-9 所示。在"图层"控制面板中生成新的图层并将其命名为"远山"。将"远山"图层的混合模式设置为"正片叠底"，如图 6-10 所示，图像效果如图 6-11 所示。

图 6-9　　　　　　　图 6-10　　　　　　　图 6-11

**STEP 2** 按 Ctrl＋O 组合键，打开资源包中的"素材文件\项目六\任务一　制作房地产广告\02.jpg"文件。选择"移动"工具▶＋，将图片拖曳到图像窗口中适当的位置，并调整其大小，效果如图 6-12 所示。在"图层"控制面板中生成新图层并将其命名为"云"。将"云"图层的混合模式设置为"柔光"，"不透明度"设置为 49％，如图 6-13 所示。按 Enter 键确认操作，图像效果如图 6-14 所示。

图 6-12　　　　　　　　　　　图 6-13　　　　　　　　　　　图 6-14

**STEP 3** 按 Ctrl＋O 组合键,打开资源包中的"素材文件\项目六\任务一　制作房地产广告\03.png"文件。选择"移动"工具 ,将图片拖曳到图像窗口中适当的位置,并调整其大小,效果如图 6-15 所示。在"图层"控制面板中生成新图层并将其命名为"湖"。将"湖"图层的混合模式设置为"明度",图像效果如图 6-16 所示。

**STEP 4** 按 Ctrl＋O 组合键,打开资源包中的"素材文件\项目六\任务一　制作房地产广告\04.png"文件。选择"移动"工具 ,将图片拖曳到图像窗口中适当的位置,并调整其大小,效果如图 6-17 所示。在"图层"控制面板中生成新图层并将其命名为"楼"。

**STEP 5** 将"楼"图层拖曳到"图层"控制面板下方的"创建新图层"按钮 上进行复制,生成新的图层"楼 副本"。按 Ctrl＋T 组合键,在图像周围出现变换框,右击,在弹出的快捷菜单中选择"垂直翻转"命令,垂直翻转图像,按住 Shift 键的同时,垂直向下拖曳图形到适当的位置,按 Enter 键确认操作,效果如图 6-18 所示。

图 6-15　　　　　　　图 6-16　　　　　　　图 6-17　　　　　　　图 6-18

**STEP 6** 在"图层"控制面板上方,将"楼 副本"图层的"不透明度"设置为 50％,如图 6-19 所示,按 Enter 键确认操作,效果如图 6-20 所示。单击"图层"控制面板下方的"添加图层蒙版"按钮 ,为"楼 副本"图层添加图层蒙版。选择"渐变"工具 ,单击属性栏中的"点按可编辑渐变"按钮 ,弹出"渐变编辑器"对话框,将渐变色设置为从黑色到白色,单击"确定"按钮。在图像窗口中拖曳鼠标填充渐变色,效果如图 6-21 所示。

图 6-19                     图 6-20                     图 6-21

**STEP 7** 按 Ctrl＋O 组合键,打开资源包中的"素材文件\项目六\任务一　制作房地产广告\05.png"文件。选择"移动"工具，将图片拖曳到图像窗口中适当的位置,并调整其大小,效果如图 6-22 所示。在"图层"控制面板中生成新图层并将其命名为"云倒影"。将"云倒影"图层拖曳到"楼 副本"图层的下方,如图 6-23 所示,图像效果如图 6-24 所示。

图 6-22                     图 6-23                     图 6-24

**STEP 8** 按 Ctrl＋O 组合键,打开资源包中的"素材文件\项目六\任务一　制作房地产广告\06.png"文件。选择"移动"工具，将图片拖曳到图像窗口中适当的位置,效果如图 6-25 所示。在"图层"控制面板中生成新图层并将其命名为"植物"。

**STEP 9** 按 Ctrl＋O 组合键,打开资源包中的"素材文件\项目六\任务一　制作房地产广告\07.png"文件。选择"移动"工具，将图片拖曳到图像窗口中适当的位置,效果如图 6-26 所示。在"图层"控制面板中生成新图层并将其命名为"湖面反光"。将"湖面反光"图层的混合模式设置为"柔光",图像效果如图 6-27 所示。

图 6-25　　　　　　　　　　　图 6-26　　　　　　　　　　　图 6-27

**STEP ⑩** 按 Ctrl＋O 组合键，打开资源包中的"素材文件\项目六\任务一　制作房地产广告\08.png"文件。选择"移动"工具，将图片拖曳到图像窗口中适当的位置，效果如图 6-28 所示。在"图层"控制面板中生成新图层并将其命名为"云 2"。

**STEP ⑪** 单击"图层"控制面板下方的"添加图层蒙版"按钮，为"云 2"图层添加图层蒙版。选择"矩形选框"工具，在图像窗口中绘制矩形选区，如图 6-29 所示。按 Alt＋Delete 组合键，用前景色填充选区。按 Ctrl＋D 组合键，取消选区，效果如图 6-30 所示。

图 6-28　　　　　　　　　　　图 6-29　　　　　　　　　　　图 6-30

3.添加装饰和标记

**STEP ❶** 按 Ctrl＋O 组合键，打开资源包中的"素材文件\项目六\任务一　制作房地产广告\09.png"文件。选择"移动"工具，将图片拖曳到图像窗口中适当的位置，效果如图 6-31 所示。在"图层"控制面板中生成新图层并将其命名为"鸟"。

**STEP ❷** 单击"图层"控制面板下方的"添加图层蒙版"按钮，为"鸟"图层添加图层蒙版。选择"画笔"工具，在其属性栏中单击"画笔"选项右侧的按钮，在弹出的面板中选择需要的画笔形状，如图 6-32 所示。在图像窗口中拖曳鼠标擦除不需要的图像，效果如图 6-33 所示。

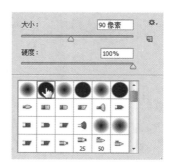

图 6-31 　　　　　　　　　　　　　　　　　图 6-32

STEP ③ 新建图层并将其命名为"黑边"。选择"矩形"工具 ，在其属性栏的"选择工具模式"选项下拉列表中选择"像素"，在图像窗口中绘制一个矩形，效果如图 6-34 所示。

图 6-33 　　　　　　　　　　　　　　　　　图 6-34

STEP ④ 按 Ctrl＋Alt＋T 组合键，在图像周围出现变换框，按 Shift 键的同时，垂直向上拖曳图形到适当的位置，复制图形，按 Enter 键确认操作，效果如图 6-35 所示。在"图层"控制面板中生成新图层"黑边 副本"。

STEP ⑤ 新建图层并将其命名为"logo"。选择"钢笔"工具 ，绘制路径，效果如图 6-36 所示。按 Ctrl＋Enter 组合键，将路径转换为选区，如图 6-37 所示。将前景色设置为白色。按 Alt＋Delete 组合键，用前景色填充选区。按 Ctrl＋D 组合键，取消选区，效果如图 6-38 所示。

图 6-35 　　　　　　　　　　　　　　　　　图 6-36

图 6-37 图 6-38

**STEP 6** 单击"图层"控制面板下方的"添加图层样式"按钮 fx，在弹出的菜单中选择"渐变叠加"命令，弹出对话框，单击"渐变"选项右侧的"点按可编辑渐变"按钮，弹出"渐变编辑器"对话框，在"位置"选项中分别输入 0、37、69、100 四个位置点，分别设置四个位置点颜色的 RGB 值为 0(208、177、71)，37(239、241、132)，69(209、183、73)，100(234、230、94)，如图 6-39 所示。单击"确定"按钮，返回"图层样式"对话框，其他选项的设置如图 6-40 所示。单击"确定"按钮，图像效果如图 6-41 所示。

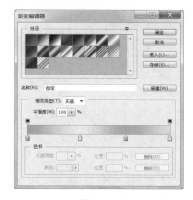

图 6-39 图 6-40 图 6-41

### 4.添加并编辑文字

**STEP 1** 选择"横排文字"工具 T，在适当的位置分别输入需要的文字并选取文字，在其属性栏中选择合适的字体并设置大小，效果如图 6-42 所示。在"图层"控制面板中分别生成新的文字图层。

**STEP 2** 在"图层"控制面板上选中所有文字图层和"logo"图层，按 Ctrl＋G 组合键，为多个文字图层创建图层组，如图 6-43 所示。房地产广告制作完成。

图 6-42 图 6-43

知识讲解

### 1.添加图层蒙版

单击"图层"控制面板下方的"添加图层蒙版"按钮■可以创建一个图层的蒙版,如图 6-44 所示。按住 Alt 键的同时单击"图层"控制面板下方的"添加图层蒙版"按钮■,可以创建一个遮盖图层全部的蒙版,如图 6-45 所示。

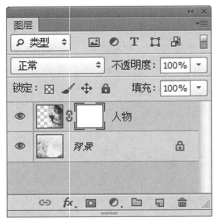

图 6-44

图 6-45

选择"图层>图层蒙版>显示全部"命令,可显示图层中的全部图像。选择"图层>图层蒙版>隐藏全部"命令,可将图层中的图像全部隐藏。

### 2.隐藏图层蒙版

按住 Alt 键的同时,单击图层蒙版缩览图,图像窗口中的图像将被隐藏,只显示图层蒙版缩览图中的效果,如图 6-46 所示,"图层"控制面板中的效果如图 6-47 所示。按住 Alt 键的同时,再次单击图层蒙版缩览图,将恢复图像窗口中的图像效果。按住 Alt+Shift 组合键的同时,单击图层蒙版缩览图,将同时显示图像和图层蒙版中的内容。

图 6-46

图 6-47

### 3.图层蒙版的链接

在"图层"控制面板中,图层缩览图与图层蒙版缩览图之间存在链接图标⑧。当图层图像与蒙版关联时,移动图像时蒙版会同步移动,单击⑧按钮,将不显示此图标,可以分别对图像与蒙版进行操作。

4.应用及删除图层蒙版

在"通道"控制面板中双击"图层 1 蒙版"通道,弹出"图层蒙版显示选项"对话框,如图 6-48 所示,在对话框中可以对蒙版的颜色和不透明度进行设置。

选择"图层>图层蒙版>停用"命令或按住 Shift 键的同时,单击"图层"控制面板中的图层蒙版缩览图,图层蒙版被停用,如图 6-49 所示,图像将全部显示,效果如图 6-50 所示。按住 Shift 键的同时再次单击图层蒙版缩览图,将恢复图层蒙版效果。

图 6-48           图 6-49           图 6-50

选择"图层>图层蒙版>删除"命令,或在图层蒙版缩览图上右击,在弹出的快捷菜单中选择"删除图层蒙版"命令,可以将图层蒙版删除。

5.替换颜色

"替换颜色"命令能够将图像中的颜色进行替换。

打开一幅图像,如图 6-51 所示。选择"图像>调整>替换颜色"命令,弹出"替换颜色"对话框。用"吸管"工具在图像中吸取要替换的浅棕色,单击"替换"选项组中的"结果"选项的颜色图标,弹出"选择目标颜色"对话框,将要替换的颜色设置为象牙色,设置"替换"选项组的色相、饱和度和明度数值,如图 6-52 所示。单击"确定"按钮,图像中的浅棕色被替换为象牙色,效果如图 6-53 所示。

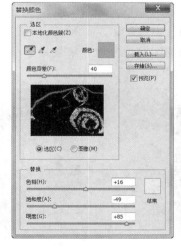

图 6-51           图 6-52           图 6-53

选区:用于设置"颜色容差"的数值,数值越大,吸管工具取样的颜色范围越大,在"替换"选项组中调整图像颜色的效果越明显。选中"选区"单选按钮可以创建蒙版。

课堂演练——制作咖啡广告

　　使用"画笔"工具和图层蒙版制作背景图片的融合效果,使用"图层样式"命令和"色相/饱和度"命令制作背景装饰条,使用"矩形选框"工具、图层蒙版和"不透明度"命令制作文字装饰底图,使用"横排文字"工具输入相关信息。最终效果参看资源包中的"源文件\项目六\课堂演练　制作咖啡广告.psd",如图6-54所示。

图 6-54

　　★ 微视频　　　★ 微视频　　　★ 微视频

制作咖啡广告1　　制作咖啡广告2　　制作咖啡广告3

## 任务二　制作婴儿产品广告

### 任务分析

　　随着人们生活水平的不断提高,人们对婴儿用品品质的要求越来越高。本任务是为某公司设计制作婴儿产品广告,要求展现出产品清爽、舒适和安全的特性。

### 设计理念

　　在设计和制作过程中,浅蓝色的天空作为画面的背景,给人干爽、洁净的印象。金黄色的向日葵和可爱的宝宝图案能瞬间抓住人们的视线,展现出阳光、安全、舒适的品牌特点。蓝色的心形图案带给人洁净、清爽的感觉,同时揭示出"良心产品、放心使用"的品牌经营理念。左下角的银灰色设计提升了产品的档次且与右上角的图案相呼应。最终效果参看资源包中的"源文件\项目六\任务二　制作婴儿产品广告.psd",如图6-55所示。

图 6-55

### 任务实施

1.制作背景效果

★ 微视频

制作婴儿产品广告1

**STEP 1** 按 Ctrl＋N 组合键,新建一个文件,宽度为 22.6 厘米,高度为 14.3 厘米,分辨率为 300 像素/厘米,颜色模式为 RGB,背景内容为白色,单击"确定"按钮。将前景色设置为蓝色(其 R、G、B 的值分别为 0、167、235),按 Alt＋De-lete 组合键,用前景色填充"背景"图层,如图 6-56 所示。

**STEP 2** 按 Ctrl＋O 组合键,打开资源包中的"素材文件\项目六\任务二　制作婴儿产品广告\01.png"文件。选择"移动"工具 ,将白云图片拖曳到图像窗口中适当的位置,效果如图 6-57 所示。在"图层"控制面板中生成新的图层并将其命名为"白云"。

图 6-56　　　　　　　　　　　　　　　　　图 6-57

**STEP 3** 新建图层并命名为"阳光"。将前景色设置为白色。选择"椭圆选框"工具 ,按住 Shift 键的同时,绘制圆形选区,如图 6-58 所示。按 Alt＋Delete 组合键,用前景色填充选区。按 Ctrl＋D 组合键,取消选区,效果如图 6-59 所示。

图 6-58　　　　　　　　　　　　　　　　　图 6-59

**STEP 4** 选择"滤镜＞模糊＞高斯模糊"命令,在弹出的"高斯模糊"对话框中进行设置,如图 6-60 所示。单击"确定"按钮,效果如图 6-61 所示。

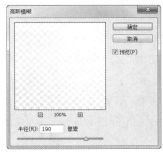

图 6-60　　　　　　　　　　　　　　　　　图 6-61

STEP⑤ 选择"椭圆"工具，在其属性栏的"选择工具模式"选项下拉列表中选择"形状"，在图像窗口中绘制形状，如图 6-62 所示。在"图层"控制面板上方，将该图层的"不透明度"设置为 10％，如图 6-63 所示，图像效果如图 6-64 所示。

图 6-62　　　　　　　　　　图 6-63　　　　　　　　　　图 6-64

STEP⑥ 选择"移动"工具，按住 Alt 键的同时，拖曳形状到适当的位置并调整其大小，效果如图 6-65 所示。用相同的方法复制多个图形并调整其大小，效果如图 6-66 所示。

图 6-65　　　　　　　　　　　　　　　　　图 6-66

STEP⑦ 选择"自定形状"工具，在其属性栏的"选择工具模式"选项下拉列表中选择"形状"，单击"形状"选项，在弹出的面板中选择需要的形状，如图 6-67 所示。在图像窗口中绘制形状并调整其角度，效果如图 6-68 所示。

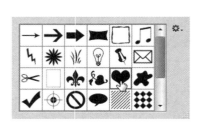

图 6-67　　　　　　　　　　　　　　图 6-68

STEP⑧ 在"图层"控制面板上方，将形状图层的混合模式设置为"叠加"，"不透明度"设置为 50％，如图 6-69 所示，效果如图 6-70 所示。用相同的方法复制图形并分别调整其不透明度，效果如图 6-71 所示。

STEP⑨ 在"图层"控制面板中，按住 Shift 键的同时，单击"形状 01"图层，将所有形状图层同时选取，如图 6-72 所示。按 Ctrl＋G 组合键，编组图层并将其命名为"装饰形状"，如图 6-73 所示。

图 6-69

图 6-70　　　　　　　　　　　　　　　　图 6-71

图 6-72　　　　　　　　　　　　　　　　图 6-73

2.制作主体画面

STEP① 新建"主体画面"图层组。按 Ctrl+O 组合键,打开资源包中的"素材文件\项目六\任务二　制作婴儿产品广告\02.png、03.png"文件。选择"移动"工具 ▸⊕,分别将"02.png""03.png"图片拖曳到图像窗口中适当的位置,效果如图 6-74 和图 6-75 所示。在"图层"控制面板中分别生成新的图层并将其命名为"白云 1"和"向日葵 1"。

图 6-74　　　　　　　　　　　　　　　　图 6-75

STEP② 选中"向日葵 1"图层,选择"滤镜>模糊>动感模糊"命令,在弹出的"动感模糊"对话框中进行设置,如图 6-76 所示。单击"确定"按钮,效果如图 6-77 所示。

★ 微视频

制作婴儿产品广告2

图 6-76

图 6-77

**STEP 3** 选择"图像>调整>亮度/对比度"命令,在弹出的"亮度/对比度"对话框中进行设置,如图 6-78 所示。单击"确定"按钮,效果如图 6-79 所示。

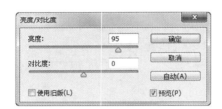

图 6-78

图 6-79

**STEP 4** 单击"图层"控制面板下方的"创建新的填充或调整图层"按钮,在弹出的菜单中选择"亮度/对比度"命令,在"图层"控制面板中生成"亮度/对比度 1"图层,同时在弹出的"亮度/对比度"面板中进行设置(见图 6-80),按 Enter 键确认操作,图像效果如图 6-81 所示。

**STEP 5** 按 Ctrl+O 组合键,打开资源包中的"素材文件\项目六\任务二 制作婴儿产品广告\04.png、05.png"文件。选择"移动"工具,将"04.png""05.png"图片拖曳到图像窗口中适当的位置,效果如图 6-82 所示。在"图层"控制面板中分别生成新的图层并将其命名为"向日葵 2"和"宝宝"。

图 6-80

图 6-81

图 6-82

STEP 6 选中“宝宝”图层，单击“图层”控制面板下方的“添加图层样式”按钮，在弹出的菜单中选择“投影”命令，弹出对话框，选项的设置如图 6-83 所示。单击“确定”按钮，效果如图 6-84 所示。

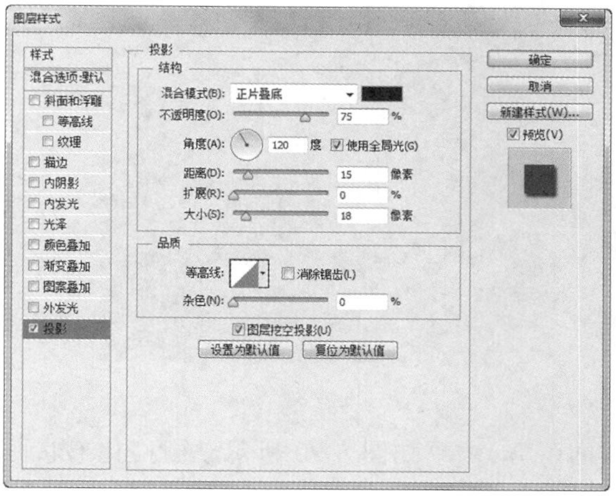


图 6-83

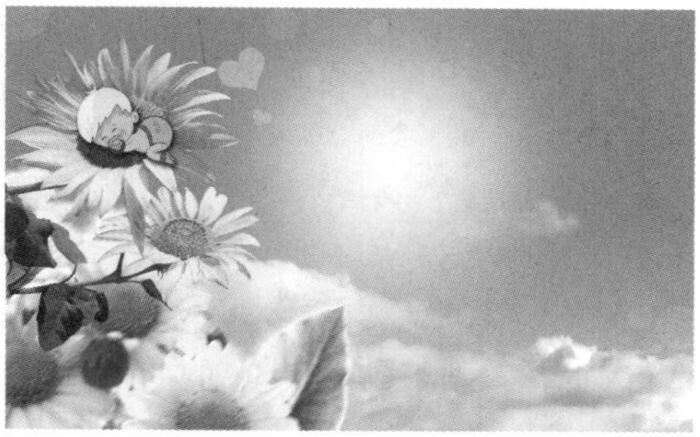

图 6-84

3. 制作心形图案

微视频

制作婴儿产品广告3

STEP 1 新建“心形图案”图层组。将前景色设置为蓝色(其 R、G、B 的值分别为 0、160、233)。选择“自定形状”工具，在图像窗口中绘制需要的形状并旋转其角度，如图 6-85 所示。将形状图层拖曳到控制面板下方的“创建新图层”按钮上进行复制，生成副本图层。在图像窗口中调整其大小，如图 6-86 所示。

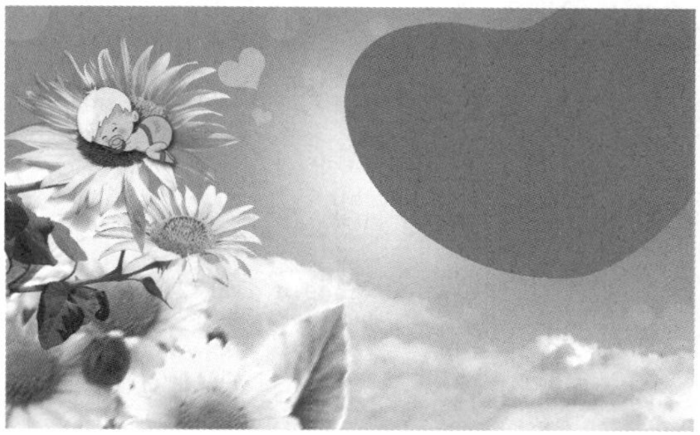

图 6-85

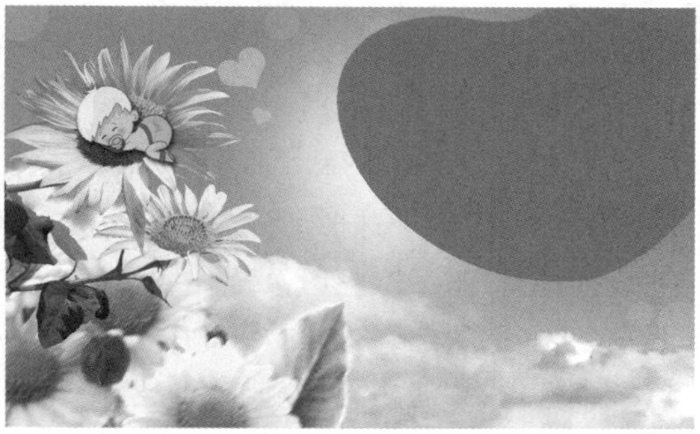

图 6-86

STEP 2 选择“图层>栅格化>图层”命令，栅格化图层。按住 Ctrl 键，单击副本图层的图层缩览图，在图像周围生成选区，如图 6-87 所示。

图 6-87

STEP 3 选择“渐变”工具，单击属性栏中的“点按可编辑渐变”按钮，弹出“渐变编辑器”对话框，将渐变色设置为从灰色(其 R、G、B 的值分别为 184、185、185)到浅灰(其 R、G、B 的值分别为 218、218、218)再到灰色(其 R、G、B 的值分别为 184、185、185)，如图 6-88 所示。单击“确定”按钮，在选区中从左上方向右下方拖曳渐变色，如图 6-89 所示。按 Ctrl+D 组合键，取消选区。

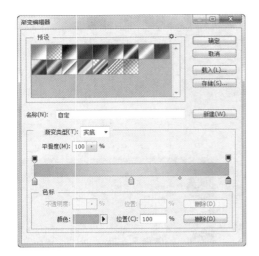

图 6-88　　　　　　　　　　　　　　　　　　图 6-89

**STEP④** 将副本图层拖曳到"心形图案"图层的下方,效果如图 6-90 所示。栅格化形状图层。选择"加深"工具，在图像窗口中拖曳鼠标加深图像,如图 6-91 所示。

图 6-90　　　　　　　　　　　　　　　　　　图 6-91

**STEP⑤** 新建图层并命名为"高光"。选择"钢笔"工具，在其属性栏的"选择工具模式"选项下拉列表中选择"路径",在图像窗口中绘制路径。按 Ctrl＋Enter 组合键,将路径转化为选区,填充选区为白色,并取消选区,如图 6-92 所示。

**STEP⑥** 选择"滤镜>模糊>高斯模糊"命令,在弹出的"高斯模糊"对话框中进行设置,如图 6-93 所示。单击"确定"按钮,效果如图 6-94 所示。

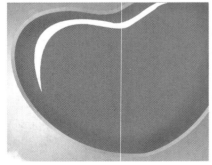

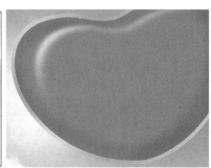

图 6-92　　　　　　　　　图 6-93　　　　　　　　　图 6-94

**STEP⑦** 将前景色设置为灰色(其 R、G、B 的值分别为 181、181、182)。选择"钢笔"工具，将属性栏中的"选择工具模式"选项设置为"形状",在图像窗口中绘制形状,如图 6-95 所示。

**STEP 8** 单击"图层"控制面板下方的"添加图层样式"按钮 *fx*，在弹出的菜单中选择"渐变叠加"命令，弹出对话框，单击"渐变"选项右侧的"点按可编辑渐变"按钮 ▬▬▬▬▬，弹出"渐变编辑器"对话框，在 0、24、48、73、100 五个位置处设置颜色，分别为白色、灰色（其 R、G、B 的值分别为 201、202、202）、白色、灰色（其 R、G、B 的值分别为 201、202、202）、白色，单击"确定"按钮，返回"图层样式"对话框，设置如图 6-96 所示。单击"确定"按钮，效果如图 6-97 所示。

**STEP 9** 按 Ctrl＋O 组合键，打开资源包中的"素材文件\项目六\任务二　制作婴儿产品广告\06.png"文件。选择"移动"工具 ➤₊，将图片拖曳到图像窗口中适当的位置，在"图层"控制面板中生成新的图层并将其命名为"广告语"，效果如图 6-98 所示。婴儿产品广告制作完成。

图 6-95

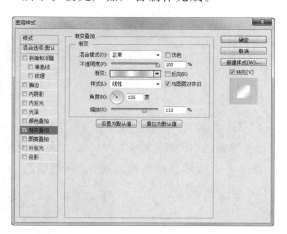

图 6-96

图 6-97

图 6-98

## 知识讲解

### 1. "纹理"滤镜组

"纹理"滤镜组可以使图像中各颜色之间产生过渡变形的效果。"纹理"滤镜组的子菜单如图 6-99 所示。原图像及应用"纹理"滤镜组制作的图像效果如图 6-100 所示。

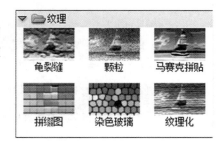

图 6-99

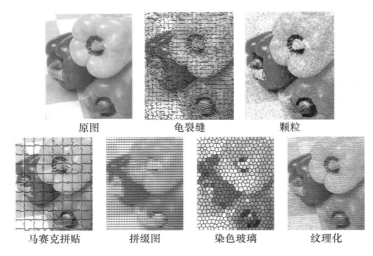

图 6-100

### 2."画笔描边"滤镜组

"画笔描边"滤镜组对 CMYK 和 Lab 颜色模式的图像都不起作用。"画笔描边"滤镜组的子菜单如图 6-101 所示。原图像及应用"画笔描边"滤镜组制作的图像效果如图 6-102 所示。

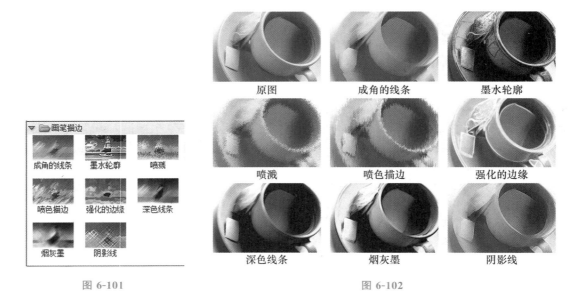

图 6-101                     图 6-102

### 3."减淡"工具

选择"减淡"工具 或反复按 Shift＋O 组合键,其属性栏状态如图 6-103 所示。

图 6-103

范围:用于设定图像中所要提高亮度的区域;曝光度:用于设定曝光的强度。

选择"减淡"工具 ,在其属性栏中按如图 6-104 所示进行设定,在图像中单击并按住鼠标左键,拖曳鼠标使图像产生减淡的效果。原图像和减淡后的图像效果如图 6-105 和图 6-106 所示。

图 6-104

图 6-105　　　　　　　　　　　　图 6-106

### 4."加深"工具

选择"加深"工具  或反复按 Shift＋O 组合键,其属性栏状态如图 6-107 所示。属性栏中的选项内容与"减淡"工具属性栏选项内容的作用正好相反。

图 6-107

选择"加深"工具 ,在其属性栏中按如图 6-108 所示进行设定,在图像中单击并按住鼠标左键,拖曳鼠标使图像产生加深的效果。原图像和加深后的图像效果如图 6-109 和图 6-110 所示。

图 6-108　　　　　　　　　　图 6-109　　　　　　　　图 6-110

### 课堂演练——制作豆浆机广告

使用"纹理化"命令和"图层混合模式"命令制作背景效果,使用"加深"工具和"减淡"工具分别制作出豆浆的阴影和高光部分,使用"文字"工具输入宣传性文字,使用"自由变换"命令制作标题文字效果。最终效果参看资源包中的"源文件\项目六\课堂演练　制作豆浆机广告.psd",如图 6-111 所示。

图 6-111

★ 微视频

制作豆浆机广告

## 任务三　制作啤酒节广告

### 任务分析

　　啤酒节是每个啤酒爱好者都喜欢参加的狂欢节。本任务是为某啤酒公司制作啤酒节广告,要求在宣传产品的同时,展现出啤酒节热情、活力的特点。

### 设计理念

　　在设计和制作过程中,蓝色的背景和冰块图片营造出清爽、舒适的氛围。使用旋转的线条和喷溅的啤酒图片形成视觉中心,达到烘托气氛和突出宣传主题的作用。使用产品图片展示出啤酒产品,并使版面设计产生空间变化。最终效果参看资源包中的"源文件\项目六\任务三　制作啤酒节广告.psd",如图 6-112 所示。

图 6-112

### 任务实施

　　1.制作背景装饰图

　　**STEP❶** 按 Ctrl＋N 组合键,新建一个文件,宽度为 29.7 厘米,高度为 21 厘米,分辨率为 300 像素/厘米,颜色模式为 RGB,背景内容为白色,单击"确定"按钮。将前景色设置为蓝色(其 R、G、B 的值分别为 38、119、189),按 Alt＋Delete 组合键,用前景色填充"背景"图层,如图 6-113 所示。

　　**STEP❷** 按 Ctrl＋O 组合键,打开资源包中的"素材文件\项目六\任务三　制作啤酒节广告\ 01.jpg"文件。选择"移动"工具 ,将冰块图片拖曳到图像窗口中适当的位置,效果如图 6-114 所示, 在"图层"控制面板中生成新的图层并将其命名为"冰块"。

图 6-113                    图 6-114

**STEP❸** 单击"图层"控制面板下方的"添加图层蒙版"按钮 ▣ ，为图层添加图层蒙版，如图 6-115 所示。选择"渐变"工具 ▣ ，单击属性栏中的"点按可编辑渐变"按钮 ▣ ，弹出"渐变编辑器"对话框，将渐变色设置为从白色到黑色，如图 6-116 所示。单击"确定"按钮，在图像上从上向下拖曳鼠标填充渐变色，效果如图 6-117 所示。

图 6-115                    图 6-116                    图 6-117

**STEP❹** 新建图层并将其命名为"渐变"。选择"渐变"工具 ▣ ，单击属性栏中的"点按可编辑渐变"按钮 ▣ ，弹出"渐变编辑器"对话框，将渐变色设置为从深蓝色（其 R、G、B 的值分别为 18、51、95）到蓝色（其 R、G、B 的值分别为 38、119、189），如图 6-118 所示。单击"确定"按钮，在图像上从左上方向右下方拖曳鼠标填充渐变色，效果如图 6-119 所示。

图 6-118                    图 6-119

**STEP⑤** 在"图层"控制面板上方,将该图层的混合模式设置为"叠加",如图 6-120 所示,图像效果如图 6-121 所示。

图 6-120 　　　　　　　　　　　　　　　　　　图 6-121

**STEP⑥** 新建图层并将其命名为"螺旋"。将前景色设置为白色。选择"矩形选框"工具，在图像窗口中绘制矩形选区,如图 6-122 所示。按 Alt＋Delete 组合键,用前景色填充选区,按 Ctrl＋D 组合键,取消选区,效果如图 6-123 所示。

图 6-122 　　　　　　　　　　　　　　　图 6-123

**STEP⑦** 选择"滤镜>扭曲>旋转扭曲"命令,在弹出的"旋转扭曲"对话框中进行设置,单击"确定"按钮,如图 6-124 所示。选择"滤镜>模糊>高斯模糊"命令,在弹出的"高斯模糊"对话框中进行设置,如图 6-125 所示。单击"确定"按钮,效果如图 6-126 所示。选择"移动"工具，将图形拖曳到图像窗口的适当位置,并调整其大小和角度,效果如图 6-127 所示。

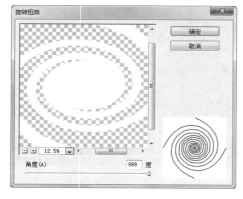
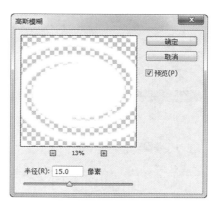

图 6-124 　　　　　　　　　　　　　　　　图 6-125

图 6-126　　　　　　　　　　　　　图 6-127

**STEP 8**　单击"图层"控制面板下方的"添加图层蒙版"按钮，为图层添加蒙版，如图 6-128 所示。选择"渐变"工具，单击属性栏中的"点按可编辑渐变"按钮，弹出"渐变编辑器"对话框，将渐变色设置为从黑色到白色再到黑色，如图 6-129 所示。单击"确定"按钮，在图像上从左上向右下拖曳鼠标填充渐变色，效果如图 6-130 所示。

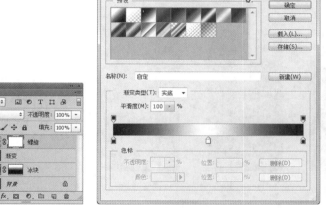

图 6-128　　　　　　　　　　　图 6-129　　　　　　　　　　　　图 6-130

**STEP 9**　在"图层"控制面板上方，将该图层的混合模式设置为"叠加"，如图 6-131 所示，图像效果如图 6-132 所示。

图 6-131　　　　　　　　　　　　图 6-132

**STEP 10**　用相同的方法制作"螺旋 2"，如图 6-133 所示。在"图层"控制面板上方，将该图层的混合模式设置为"滤色"，如图 6-134 所示，图像效果如图 6-135 所示。

图 6-133         图 6-134         图 6-135

### 2. 添加宣传主体

**STEP❶** 按 Ctrl＋O 组合键,打开资源包中的"素材文件\项目六\任务三　制作啤酒节广告\02.png"文件。选择"移动"工具 ，将啤酒图片拖曳到图像窗口中适当的位置,效果如图 6-136 所示,在"图层"控制面板中生成新的图层并将其命名为"啤酒"。

**STEP❷** 新建图层并将其命名为"阴影"。选择"椭圆选框"工具 ，在其属性栏中将"羽化"设置为 5 像素,在图像窗口中绘制椭圆选区,如图 6-137 所示。填充选区为黑色并取消选区,如图 6-138 所示。

★ 微视频

制作啤酒节广告2

图 6-136       图 6-137     图 6-138

**STEP❸** 选择"橡皮擦"工具 ，单击"画笔"选项右侧的按钮 ，在弹出的面板中选择需要的画笔形状,并设置其大小和硬度,如图 6-139 所示。在其属性栏中将"不透明度"设置为 50％,在图像窗口中擦除不需要的图像,效果如图 6-140 所示。将"阴影"图层拖曳到"啤酒"图层的下方,图像效果如图 6-141 所示。

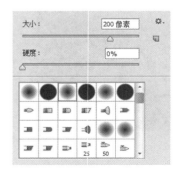  

图 6-139        图 6-140        图 6-141

STEP 4　按住 Shift 键的同时，单击"啤酒"图层，将其同时选取。选择"移动"工具 ，按住 Alt 键的同时，将其拖曳到适当的位置，复制图层，并调整啤酒图片的角度，如图 6-142 所示。选中"啤酒 副本"图层，选择"图像>调整>色相/饱和度"命令，弹出"色相/饱和度"对话框，选项的设置如图 6-143 所示。单击"确定"按钮，效果如图 6-144 所示。

图 6-142　　　　　　　　　　　图 6-143　　　　　　　　　　　图 6-144

STEP 5　选择"阴影 副本"图层。单击"图层"控制面板下方的"添加图层蒙版"按钮，为图层添加蒙版。选择"渐变"工具，单击属性栏中的"点按可编辑渐变"按钮，弹出"渐变编辑器"对话框，将渐变色设置为从白色到黑色。单击"确定"按钮，在图像阴影上从左向右拖曳鼠标填充渐变色，效果如图 6-145 所示。

STEP 6　选择"啤酒 副本"图层。按 Ctrl+O 组合键，打开资源包中的"素材文件\项目六\任务三　制作啤酒节广告\03.png"文件。选择"移动"工具，将水滴图片拖曳到啤酒图片上，效果如图 6-146 所示。在"图层"控制面板中生成新的图层并将其命名为"水滴"。

图 6-145　　　　　　　　　　　　　　图 6-146

STEP 7　在"图层"控制面板上方，将该图层的混合模式设置为"叠加"，如图 6-147 所示，图像效果如图 6-148 所示。按住 Shift 键的同时，单击"阴影"图层，将两个图层之间的所有图层同时选取，按 Ctrl+G 组合键，将其编组并命名为"啤酒"。

图 6-147　　　　　　　　　　　　　　图 6-148

STEP 8 按 Ctrl＋O 组合键,打开资源包中的"素材文件\项目六\任务三 制作啤酒节广告\04.png～07.png"文件。选择"移动"工具 ,分别将图片拖曳到图像窗口中适当的位置,效果如图 6-149 所示。在"图层"控制面板中分别生成新的图层并将其命名为"冰块 2""冰块 3""啤酒杯"和"倒酒"。

STEP 9 将"倒酒"图层拖曳到"啤酒"图层组的下方,并将其混合模式设置为"叠加",如图 6-150 所示,图像效果如图 6-151 所示。

图 6-149

图 6-150

图 6-151

STEP 10 按 Ctrl＋O 组合键,打开资源包中的"素材文件\项目六\任务三 制作啤酒节广告\08.png"文件。选择"移动"工具 ,将图片拖曳到图像窗口中适当的位置,效果如图 6-152 所示,在"图层"控制面板中生成新的图层并将其命名为"广告语"。

STEP 11 单击"图层"控制面板下方的"添加图层蒙版"按钮 ,为图层添加蒙版。选择"渐变"工具 ,单击属性栏中的"点按可编辑渐变"按钮 ,弹出"渐变编辑器"对话框,将渐变色设置为从白色到黑色,单击"确定"按钮。在广告语上从左上方向右下方拖曳鼠标填充渐变色,效果如图 6-153 所示。啤酒节广告制作完成。

图 6-152

图 6-153

知识讲解

1. "扭曲"滤镜组

"扭曲"滤镜组可以使图像生成一组从波纹到扭曲的变形效果。"扭曲"滤镜组的子菜单如

图 6-154 所示。原图像及应用"扭曲"滤镜组制作的图像效果如图 6-155 所示。

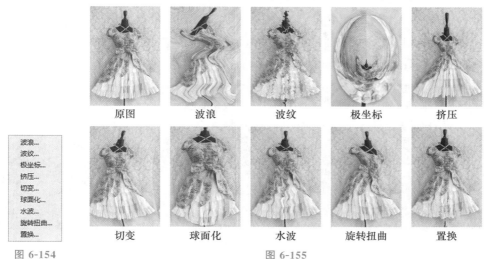

图 6-154

图 6-155

2. 图像的复制

要想在操作过程中随时按需要复制图像,就必须掌握复制图像的方法。在复制图像前,要选定需要复制的图像区域,如果不选定图像区域,将不能复制图像。复制图像有以下几种方法。

使用移动工具复制图像:打开一幅图像,使用"矩形选框"工具 ⬚ 绘制出要复制的图像区域,如图 6-156 所示。选择"移动"工具 ⊕,将鼠标指针放在选区中,鼠标指针变为 ⬚ 图标,如图 6-157 所示。按住 Alt 键,鼠标指针变为 ▶ 图标,如图 6-158 所示。单击并按住鼠标左键,拖曳选区内的图像到适当的位置,释放鼠标左键和 Alt 键,图像复制完成。按 Ctrl+D 组合键,取消选区,效果如图 6-159 所示。

图 6-156          图 6-157          图 6-158          图 6-159

使用菜单命令复制图像:打开一幅图像,使用"矩形选框"工具 ⬚ 绘制出要复制的图像区域,如图 6-160 所示。选择"编辑>拷贝"命令或按 Ctrl+C 组合键,将选区内的图像复制。这时屏幕上的图像并没有变化,但系统已将复制的图像粘贴到剪贴板中。选择"编辑>粘贴"命令或按 Ctrl+V 组合键,将选区内的图像粘贴在生成的新图层中,复制的图像在原图的上面一层,如图 6-161 所示。使用"移动"工具 ⊕ 移动复制的图像到适当位置,效果如图 6-162 所示。

图 6-160          图 6-161          图 6-162

使用快捷键复制图像：打开一幅图像，使用"矩形选框"工具 [::] 绘制出要复制的图像区域，如图 6-163 所示。按住 Ctrl＋Alt 组合键，鼠标指针变为 图标，效果如图 6-164 所示。同时单击并按住鼠标左键，拖曳选区内的图像到适当的位置，释放鼠标左键、Ctrl 键和 Alt 键，图像复制完成。按 Ctrl＋D 组合键，取消选区，效果如图 6-165 所示。

图 6-163                        图 6-164                        图 6-165

### 3. 图像的移动

"移动"工具可以将图层中的整幅图像或选定区域中的图像移动到指定位置。

选择"移动"工具 或按 V 键，其属性栏状态如图 6-166 所示。

图 6-166

自动选择：用于自动选择鼠标所在的图像层。显示变换控件：用于对选取的图层进行各种变换。属性栏中还提供了几种图层排列和分布方式的按钮。

在移动图像前，要选择移动的图像区域，如果不选择图像区域，将移动整个图像。移动图像有以下几种方法。

使用移动工具移动图像：打开一幅图像，使用"矩形选框"工具 [::] 绘制出要移动的图像区域，如图 6-167 所示。选择"移动"工具 ，将鼠标指针放在选区中，鼠标指针变为 图标，如图 6-168 所示。单击并按住鼠标左键，拖曳鼠标到适当的位置，选区内的图像被移动，原来的选区位置被背景色填充，效果如图 6-169 所示。按 Ctrl＋D 组合键，取消选区，移动完成。

图 6-167                        图 6-168                        图 6-169

使用菜单命令移动图像：打开一幅图像，使用"椭圆选框"工具 绘制出要移动的图像区域，如图 6-170 所示。选择"编辑>剪切"命令或按 Ctrl＋X 组合键，选区被背景色填充，效果如图 6-171 所示。选择"编辑>粘贴"命令或按 Ctrl＋V 组合键，将选区内的图像粘贴在图像的新图层中，如图 6-172 所示。使用"移动"工具 移动新图层中的图像，效果如图 6-173 所示。

图 6-170　　　　　　图 6-171　　　图 6-172　　　　图 6-173

使用快捷键移动图像：打开一幅图像，使用"椭圆选框"工具 绘制出要移动的图像区域，如图 6-174 所示。选择"移动"工具 ，按 Ctrl＋方向键，可以将选区内的图像沿移动方向移动 1 像素，效果如图 6-175 所示；按 Shift＋方向键，可以将选区内的图像沿移动方向移动 10 像素，效果如图 6-176 所示。

图 6-174　　　　　　　　　图 6-175　　　　　　　　　图 6-176

**课堂演练——制作冰激凌广告**

使用"魔棒"工具、"矩形选框"工具抠取图片，使用"高斯模糊"命令为图片添加模糊效果，使用"横排文字"工具、"变换"命令和添加图层样式按钮制作标题文字，使用"自定形状"工具、图层面板制作装饰图形。最终效果参看资源包中的"源文件\项目六\课堂演练　制作冰激凌广告.psd"，如图 6-177 所示。

图 6-177

★ 微视频　　　★ 微视频　　　★ 微视频

制作冰激凌广告1　制作冰激凌广告2　制作冰激凌广告3

**案例分析**

本案例是为某汽车公司制作汽车广告。汽车作为一种现代交通工具,与人们的日常生活息息相关,在广告设计中要求以简洁直观的表现手法体现产品的性能与购车优惠。

**设计理念**

在设计和制作过程中,一幅淡蓝色的城市风光图营造出爽朗、宁静的氛围,起到衬托的作用,突出前方的宣传主体。红色的汽车在光线的引导下融入画面中,增加了画面的整体感和空间感,同时体现出品质感。白色的文字醒目突出,与下方的介绍图文相呼应,起到均衡画面的效果。整个设计简洁直观,让人印象深刻。

**制作要点**

使用"矩形"工具、添加图层样式按钮制作背景图,使用"横排文字"工具、"透视"命令和"投影"命令制作标题文字,使用"圆角矩形"工具和"创建剪贴蒙版"命令制作图片剪切效果。最终效果参看资源包中的"源文件\项目六\实战演练 制作汽车广告.psd",如图 6-178 所示。

图 6-178

制作汽车广告1　　制作汽车广告2　　制作汽车广告3

实战演练——制作电视广告

 案例分析

　　随着人们生活水平的不断提高,轻薄的液晶电视已走进越来越多的家庭。本案例是为某电器公司制作液晶电视宣传广告,要求能够体现出产品的主要特点和功能特色。

设计理念

　　在设计和制作过程中,使用夸张的 3D 效果给人视觉上的直接冲击,在给人带来视觉享受的同时,体现出品牌的优质感。醒目的标题在偏灰的背景下瞬间吸引人们的视线,达到宣传的目的。下方的功能介绍条理清晰,让人一目了然。整体效果直观大方、简洁明了。

图 6-179

制作要点

　　使用"渐变"工具添加底图颜色,使用"钢笔"工具和"剪贴蒙版"命令为电视机创建剪贴蒙版,使用"画笔"工具为电视机和模型添加阴影效果,使用图层蒙版和"渐变"工具制作渐隐效果,使用"横排文字"工具添加文字效果。最终效果参看资源包中的"源文件\项目六\实战演练　制作电视广告.psd",如图 6-179 所示。

★微视频

制作电视广告

# 项目七
## 包 装 设 计

包装代表着一个商品的品牌形象,好的包装设计可以让商品在同类产品中脱颖而出,吸引消费者的注意力并引发其购买行为,也可以起到美化商品及传达商品信息的作用,更可以极大地提高商品的价值。本项目以制作多个类别的商品包装为例,介绍包装的设计方法和制作技巧。

### 项目目标

● 掌握包装的设计定位和思路
● 掌握包装的制作方法和技巧

### 任务一　制作零食包装

### 任务分析

本任务是为食品公司制作零食包装。在设计上要求表现出零食的特色,在画面制作上要清新,整体设计符合产品的定位与要求。

### 设计理念

在设计和绘制过程中,使用清新素雅的颜色作为包装的背景,使用不规则图形作为产品名称的底图,使名称的字体在画面中更加突出,使画面具有空间感;使用产品原料图片作为主要图片,使产品更具有吸引力,激起顾客的购买欲。最终效果参看资源包中的"源文件\项目七\任务一　制作零食包装.psd",如图 7-1 所示。

★微视频

制作零食包装

图 7-1

任务实施

1.制作背景

**STEP 1** 按 Ctrl+N 组合键,新建一个文件,宽度为 12 厘米,高度为 9 厘米,分辨率为 300 像素/英寸,颜色模式为 RGB,背景内容为白色,单击"确定"按钮。

**STEP 2** 新建图层并将其命名为"背景 上"。选择"渐变"工具,单击属性栏中的"点按可编辑渐变"按钮,弹出"渐变编辑器"对话框,将渐变色设置为从浅灰色(其 R、G、B 的值分别为 219、222、231)到深灰色(其 R、G、B 的值分别为 100、111、113),单击"确定"按钮。在其属性栏中单击"径向渐变"按钮,在图像窗口中由中间至左上角拖曳鼠标填充渐变色,效果如图 7-2 所示。

**STEP 3** 新建图层并将其命名为"背景 下"。选中属性栏中的"线性渐变"按钮,在图像窗口中由下至上拖曳鼠标填充渐变色,效果如图 7-3 所示。单击"图层"控制面板下方的"添加图层蒙版"按钮,为"背景 下"图层添加图层蒙版。将前景色设置为黑色。选择"矩形选框"工具,在图像窗口中绘制矩形选区。按 Alt+Delete 组合键,用前景色填充选区,按 Ctrl+D 组合键,取消选区,效果如图 7-4 所示。

图 7-2

图 7-3

图 7-4

2．制作包装底图

**STEP①** 新建图层并将其命名为"包装袋"。将前景色设置为浅灰色（其 R、G、B 的值分别为 237、237、237）。选择"钢笔"工具 ，绘制一个路径，效果如图 7-5 所示。按 Ctrl＋Enter 组合键，将路径转换为选区。按 Alt＋Delete 组合键，用前景色填充选区。按 Ctrl＋D 组合键，取消选区。效果如图 7-6 所示。

**STEP②** 按住 Ctrl 键的同时，单击"创建新图层"按钮 ，创建新图层并将其命名为"包装袋阴影"。将前景色设置为灰色（其 R、G、B 的值分别为 54、54、54）。选择"画笔"工具 ，在其属性栏中单击"画笔"选项右侧的按钮 ，在弹出的"画笔"面板中选择需要的画笔形状，如图 7-7 所示。在图像窗口中拖曳鼠标绘制包装袋阴影，效果如图 7-8 所示。

  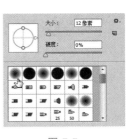 

图 7-5　　　　　　　　图 7-6　　　　　　　　图 7-7　　　　　　　　图 7-8

**STEP③** 按住 Ctrl 键的同时，单击"创建新图层"按钮 ，创建新图层并将其命名为"包装袋阴影 2"。选择"多边形套索"工具 ，在图像窗口中拖曳鼠标绘制选区，效果如图 7-9 所示。在图像窗口中右击，在弹出的快捷菜单中选择"羽化"命令，弹出"羽化选区"对话框，设置如图 7-10 所示。单击"确定"按钮，选择"渐变"工具 ，单击属性栏中的"点按可编辑渐变"按钮 ，弹出"渐变编辑器"对话框，将渐变色设置为从灰色（其 R、G、B 的值分别为 54、54、54）到透明，单击"确定"按钮。在图像窗口口中由上至下拖曳鼠标填充渐变色。按 Ctrl＋D 组合键，取消选区，效果如图 7-11 所示。

图 7-9　　　　　　　　图 7-10　　　　　　　　图 7-11

3．添加主体图形和文字

**STEP①** 按 Ctrl＋O 组合键，打开资源包中的"素材文件\项目七\任务一　制作零食包装\01.png"文件。选择"移动"工具 ，将榴莲图片拖曳到图像窗口中适当的位置，效果如图 7-12 所示。在"图层"控制面板中生成新的图层并将其命名为"榴莲"。按住 Alt 键的同时，将鼠标指针放在"榴莲"图层和"包装袋"图层的中间，鼠标指针变为 并单击，为图层创建剪切蒙版，效果如图 7-13 所示。

**STEP 2** 新建图层并将其命名为"色块"。将前景色设置为绿色(其 R、G、B 的值分别为 79、88、35)。选择"钢笔"工具 ，绘制一个路径,效果如图 7-14 所示。

**STEP 3** 按 Ctrl＋Enter 组合键,将路径转换为选区,按 Alt＋Delete 组合键,用前景色填充选区。按 Ctrl＋D 组合键,取消选区,图像效果如图 7-15 所示。

图 7-12　　　　　　　图 7-13　　　　　　　图 7-14　　　　　　　图 7-15

**STEP 4** 在"图层"控制面板上方,将"色块"图层的"不透明度"设置为 75％,如图 7-16 所示,图像效果如图 7-17 所示。

**STEP 5** 按 Ctrl＋O 组合键,打开资源包中的"素材文件\项目七\任务一　制作零食包装\02. png"文件。选择"移动"工具 ,将图片拖曳到图像窗口中适当的位置并调整其大小,效果如图 7-18 所示。在"图层"控制面板中生成新的图层并将其命名为"卡通榴莲"。

**STEP 6** 将前景色设置为白色。选择"横排文字"工具 T ,在适当的位置输入需要的文字并选取文字,在其属性栏中选择合适的字体并设置大小,效果如图 7-19 所示。在"图层"控制面板中生成新的文字图层。

图 7-16　　　　　　　图 7-17　　　　　　　图 7-18　　　　　　　图 7-19

### 4. 制作小标签

**STEP 1** 将前景色设置为深灰色(其 R、G、B 的值分别为 51、52、51)。选择"自定形状"工具 ,单击"形状"选项,弹出"形状"面板,单击面板右上方的 ,在弹出的菜单中选择"台词框"命令,弹出提示对话框,单击"追加"按钮。在"形状"面板中选中图形"会话 10",如图 7-20 所示。在其属性栏的"选择工具模式"选项下拉列表中选择"像素",在图像窗口中拖曳鼠标绘制图形,如图 7-21 所示。

**STEP 2** 选择"横排文字"工具 T ,在适当的位置输入需要的文字并选取文字,在其属性栏中选择合适的字体并设置大小,效果如图 7-22 所示。在"图层"控制面板中生成新的文字图层。将前景色设置为白色。选择"横排文字"工具 T ,在适当的位置输入需要的文字并选取文字,在其属性栏中选择合适的字体并设置大小,效果如图 7-23 所示。在"图层"控制面板中生成新的文字图层。

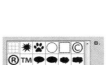

图 7-20          图 7-21          图 7-22          图 7-23

5. 添加阴影和高光

**STEP ①** 新建图层并将其命名为"阴影"。选择"钢笔"工具 ，绘制路径，效果如图 7-24 所示。按 Ctrl＋Enter 组合键，将路径转换为选区，如图 7-25 所示。

**STEP ②** 选择"渐变"工具 ，单击属性栏中的"点按可编辑渐变"按钮 ，弹出"渐变编辑器"对话框，将渐变色设置为从白色到黑色，单击"确定"按钮。在其属性栏中单击"径向渐变"按钮 ，在图像窗口中由中心至右上角拖曳鼠标填充渐变色，释放鼠标，按 Ctrl＋D 组合键，取消选区，效果如图 7-26 所示。在"图层"控制面板上方，将"阴影"图层的"填充"设置为 20％，图像效果如图 7-27 所示。

图 7-24          图 7-25          图 7-26          图 7-27

**STEP ③** 新建图层并将其命名为"高光"。选择"钢笔"工具 ，绘制路径，效果如图 7-28 所示。按 Ctrl＋Enter 组合键，将路径转换为选区，如图 7-29 所示。在选区内右击，在弹出的快捷菜单中选择"羽化"命令，弹出"羽化选区"对话框，设置羽化半径为 10 像素，单击"确定"按钮。

**STEP ④** 选择"渐变"工具 ，单击属性栏中的"点按可编辑渐变"按钮 ，弹出"渐变编辑器"对话框，将渐变色设置为从白色到透明色，单击"确定"按钮。在图像窗口中由中心至右上角拖曳鼠标填充渐变色，释放鼠标，效果如图 7-30 所示。按 Ctrl＋D 组合键，取消选区。在"图层"控制面板上方，将"阴影"图层的"填充"设置为 56％，效果如图 7-31 所示。

图 7-28          图 7-29          图 7-30          图 7-31

**STEP 5** 新建图层并将其命名为"封口线"。将前景色设置为灰色(其 R、G、B 的值分别为 54、54、54)。选择"钢笔"工具 ，绘制路径,效果如图 7-32 所示。选择"画笔"工具 ，单击属性栏中的"画笔"选项右侧的按钮 ，选择需要的画笔形状,设置如图 7-33 所示。单击"路径"控制面板下方的"用画笔描边路径"按钮 ，对路径进行描边。按 Enter 键,隐藏该路径,效果如图 7-34 所示。

图 7-32　　　　　　　　　　图 7-33　　　　　　　　　　图 7-34

**STEP 6** 单击"图层"控制面板下方的"添加图层样式"按钮 ，在弹出的菜单中选择"斜面和浮雕"命令,在弹出的对话框中进行设置,如图 7-35 所示。单击"确定"按钮,效果如图 7-36 所示。

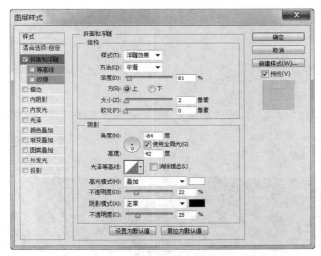

图 7-35

**STEP 7** 用相同的方法制作下方的封口线,并将其在"图层"面板上命名为"封口线下"。图像效果如图 7-37 所示。零食包装制作完成。

图 7-36　　　　　　　　　　　　图 7-37

**知识讲解**

　　"渲染"滤镜组可以在图片中产生照明的效果、不同的光源效果和夜景效果。"渲染"滤镜组的子菜单如图 7-38 所示。原图像及使用"渲染"滤镜组制作的图像效果如图 7-39 所示。

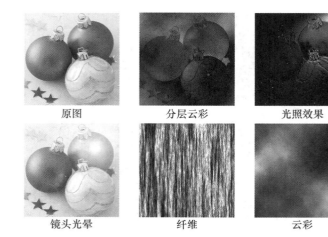

图 7-38　　　　　　　　　　　　　　　图 7-39

**课堂演练——制作 CD 唱片包装**

　　使用"圆角矩形"工具、"钢笔"工具、"图层样式"命令和"不透明度"命令制作形状,使用"横排文字"工具和剪贴蒙版制作唱片文字,使用"形状"工具和剪贴蒙版组合图片制作盘面效果。最终效果参看资源包中的"源文件\项目七\课堂演练　制作 CD 唱片包装.psd",如图 7-40 所示。

★ 微视频　　　　★ 微视频

制作CD唱片包装1　　制作CD唱片包装2

图 7-40

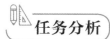

## 任务二　制作美食书籍封面

### 任务分析

在世界上绝大多数国家的人们的餐桌上,烘焙食品都占有十分重要的位置。如今,在我国烘焙食品受到越来越多人的喜爱。本书讲解的是烘焙美食的制作技术,在封面设计上要求层次分明、主题突出,表现出烘焙食品营养可口的特性。

### 设计理念

在设计和制作过程中,通过背景图片的修饰处理,表现出烘焙食品丰富多样、美味可口的特点;通过典型的烘焙食物图片,直观地反映书籍内容。通过对书籍名称和其他介绍性文字的添加,突出表达书籍的主题。整个封面以绿色为主,给人自然健康、清新舒爽的感受。最终效果参看资源包中的"源文件\项目七\任务二　制作美食书籍封面.psd",如图 7-41 所示。

图 7-41

### 任务实施

1. 制作封面效果

**STEP❶** 按 Ctrl＋N 组合键,新建一个文件,宽度为 37.6 厘米,高度为 26.6 厘米,分辨率为 150 像素/英寸,颜色模式为 RGB,背景内容为白色,单击"确定"按钮。按 Ctrl＋R 组合键显示标尺,选择"视图\新建参考线"命令,弹出"新建参考线"对话框,设置如图 7-42 所示。单击"确定"按钮,效果如图 7-43 所示。用相同的方法,在 26.3 厘米处新建一条水平参考线,效果如图 7-44 所示。

★微视频

制作美食书籍封面1

图 7-42                图 7-43                图 7-44

**STEP ②** 选择"视图>新建参考线"命令,弹出"新建参考线"对话框,设置如图 7-45 所示,单击"确定"按钮,效果如图 7-46 所示。用相同的方法,分别在 18 厘米、19.6 厘米、37.3 厘米处新建垂直参考线,效果如图 7-47 所示。

图 7-45                图 7-46                图 7-47

**STEP ③** 单击"图层"控制面板下方的"创建新组"按钮 ▢ ,生成新的图层组并将其命名为"封面"。按 Ctrl＋O 组合键,打开资源包中的"素材文件\项目七\任务二　制作美食书籍封面\01.jpg"文件,选择"移动"工具 ▸⊹ ,将图片拖曳到图像窗口中的适当位置,如图 7-48 所示。在"图层"控制面板中生成新的图层并将其命名为"图片"。

**STEP ④** 选择"矩形"工具 ▣ ,在其属性栏的"选择工具模式"选项下拉列表中选择"路径",在图像窗口中适当的位置绘制矩形路径,如图 7-49 所示。

图 7-48                      图 7-49

**STEP ⑤** 选择"椭圆"工具 ⬭ ,在适当的位置绘制一个椭圆形,如图 7-50 所示。选择"路径选择"工具 ▸ ,选取椭圆形选区,按住 Alt＋Shift 组合键的同时,水平向右拖曳图形到适当的位置,复制图形,效果如图 7-51 所示。

**STEP ⑥** 选择"路径选择"工具 ▸ ,按住 Shift 键的同时,单击第一个椭圆形,将其同时选取,按住 Alt＋Shift 组合键的同时,垂直向下拖曳图形到适当的位置,复制图形,效果如图 7-52 所示。

**STEP 7** 按住 Shift 键的同时,选取所有的椭圆形。在其属性栏中单击"路径操作"按钮,在弹出的下拉菜单中选择"减去顶层形状"命令。用圈选的方法将所有的椭圆形和矩形同时选取,如图 7-53 所示。在其属性栏中单击"路径操作"按钮,在弹出的下拉菜单中选择"合并形状组件"命令,将所有图形组合成一个图形,效果如图 7-54 所示。

图 7-50        图 7-51        图 7-52

图 7-53        图 7-54

**STEP 8** 新建图层并将其命名为"形状"。将前景色设置为绿色(其 R、G、B 的值分别为 13、123、51)。按 Ctrl+Enter 组合键,将路径转化为选区,按 Alt+Delete 组合键,用前景色填充选区,按 Ctrl+D 组合键,取消选区,效果如图 7-55 所示。选择"椭圆"工具,在其属性栏的"选择工具模式"选项下拉列表中选择"像素",在适当的位置绘制一个椭圆形,如图 7-56 所示。

图 7-56

**STEP 9** 将"形状"图层拖曳到"图层"控制面板下方的"创建新图层"按钮 上进行复制,生成新的副本图层"形状 副本"。按 Ctrl+T 组合键,在图形周围出现变换框,按住 Shift+Alt 组合键的同时,拖曳变换框右上角的控制手柄,等比例缩小图形,按 Enter 键确认操作。

**STEP 10** 将前景色设置为浅绿色(其 R、G、B 的值分别为 14、148、4)。按住 Ctrl 键的同时,单击"形状 副本"图层的缩览图,图像周围生成选区,如图 7-57 所示。按 Alt＋Delete 组合键,用前景色填充选区,按 Ctrl＋D 组合键,取消选区,效果如图 7-58 所示。使用上述的方法,再复制一个图形,制作出如图 7-59 所示的效果。

图 7-57                图 7-58                图 7-59

**STEP⑪** 按 Ctrl＋O 组合键,打开资源包中的"素材文件\项目七\任务二 制作美食书籍封面\02.png"文件,选择"移动"工具 ,将面包图片拖曳到图像窗口中的适当位置,如图 7-60 所示。在"图层"控制面板中生成新的图层并将其命名为"小面包"。

**STEP⑫** 将前景色设置为褐色(其 R、G、B 的值分别为 65、35、37)。选择"横排文字"工具 ,在适当的位置分别输入需要的文字并选取文字,在其属性栏中选择合适的字体并设置文字大小。按 Alt＋←组合键,适当调整文字间距,效果如图 7-61 所示。在"图层"控制面板中分别生成新的文字图层。

**STEP⑬** 选择"钢笔"工具 ,在其属性栏的"选择工具模式"选项下拉列表中选择"路径",在适当的位置单击绘制一条路径。将前景色设置为深绿色(其 R、G、B 的值分别为 34、71、37)。选择"横排文字"工具 ,在其属性栏中选择合适的字体并设置文字大小,将鼠标指针放在路径上时,鼠标指针变为 图标时,单击插入鼠标指针,输入需要的文字,如图 7-62 所示。在"图层"控制面板中生成新的文字图层。

图 7-60                图 7-61                图 7-62

**STEP⑭** 选取文字,按 Ctrl＋T 组合键,弹出"字符"控制面板,将"设置所选字符的字距调整"选项设置为－100,其他选项的设置如图 7-63 所示。隐藏路径后,效果如图 7-64 所示。

**STEP⑮** 将前景色设置为橘黄色(其 R、G、B 的值分别为 236、84、9)。选择"横排文字"工具 ,在适当的位置输入需要的文字并选取文字,在其属性栏中选择合适的字体并设置文字大小,按 Alt＋←组合键,适当调整文字间距,效果如图 7-65 所示。在"图层"控制面板中生成新的文字图层。

**STEP⑯** 将前景色设置为褐色(其 R、G、B 的值分别为 60、32、27)。选择"横排文字"工具 T ，在图像窗口中分别输入需要的文字并选取文字，在其属性栏中选择合适的字体并设置文字大小，效果如图 7-66 所示。在"图层"控制面板中分别生成新的文字图层。

图 7-63

图 7-64

图 7-65

图 7-66

**STEP⑰** 新建图层并将其命名为"直线"。将前景色设置为深绿色(其 R、G、B 的值分别为 34、71、37)。选择"直线"工具 ／ ，在其属性栏的"选择工具模式"选项下拉列表中选择"像素"，将"粗细"选项设置为 4 像素，按住 Shift 键的同时，在适当的位置拖曳鼠标绘制一条直线，效果如图 7-67 所示。

**STEP⑱** 按 Ctrl+J 组合键，复制"直线"图层，生成新的"直线 副本"图层。选择"移动"工具 ，按住 Shift 键的同时，在图像窗口中垂直向下拖曳复制出的直线到适当的位置，效果如图 7-68 所示。使用相同的方法再绘制两条竖线，效果如图 7-69 所示。

图 7-67

图 7-68

图 7-69

**STEP⑲** 新建图层并将其命名为"形状 1"。选择"自定形状"工具 ，单击属性栏中的"形状"选项，弹出"形状"面板，单击面板右上方的 按钮，在弹出的菜单中选择"全部"选项，弹出提示对话框，单击"确定"按钮。在"形状"面板中选中图形"百合花饰"，如图 7-70 所示。在其属性栏的"选择工具模式"选项下拉列表中选择"像素"，按住 Shift 键的同时，在图像窗口中拖曳鼠标绘制图形，效果如图 7-71 所示。

图 7-70

图 7-71

**STEP 20** 新建图层并将其命名为"形状 2"。选择"自定形状"工具 ![],单击属性栏中的"形状"选项,弹出"形状"面板,在"形状"面板中选中图形"装饰 1",如图 7-72 所示。在图像窗口中拖曳鼠标绘制图形,效果如图 7-73 所示。

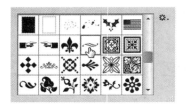

图 7-72                    图 7-73

**STEP 21** 将"形状 2"图层拖曳到"图层"控制面板下方的"创建新图层"按钮 ![] 上进行复制,生成新的图层"形状 2 副本"。选择"移动"工具 ![],按住 Shift 键的同时,在图像窗口中水平向右拖曳复制的图形到适当的位置,效果如图 7-74 所示。

图 7-74

**STEP 22** 按住 Shift 键的同时,单击"形状 1"图层,将几个图层同时选取,如图 7-75 所示。将选中的图层拖曳到"图层"控制面板下方的"创建新图层"按钮 ![] 上进行复制,生成新的副本图层。

图 7-75

**STEP 23** 选择"移动"工具 ![],按住 Shift 键的同时,在图像窗口中垂直向下拖曳复制的图形到适当的位置,效果如图 7-76 所示。按 Ctrl＋T 组合键,图形周围出现变换框,在变制框中右击,在弹出的快捷菜单中选择"垂直翻转"命令,将图形垂直翻转,按 Enter 键确认操作,效果如图 7-77 所示。

图 7-76                                    图 7-77

**STEP 24** 按 Ctrl＋O 组合键,打开资源包中的"素材文件\项目七\任务二　制作美食书籍封面\03.png、04.png、05.png"文件,选择"移动"工具 ![],分别将图片拖曳到图像窗口中的适当位置,并调整其大小,如图 7-78 所示,在"图层"控制面板中分别生成新的图层并将其分别命名为"草莓""橙子"和"面包",如图 7-79 所示。

图 7-78

图 7-79

STEP 25 单击"图层"控制面板下方的"添加图层样式"按钮 fx,在弹出的菜单中选择"投影"命令,弹出相应的对话框,选项的设置如图 7-80 所示。单击"确定"按钮,效果如图 7-81 所示。单击"封面"图层组左侧的 ▼ 按钮,将"封面"图层组中的图层隐藏。

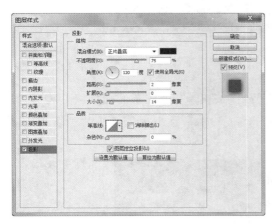

图 7-80

图 7-81

2. 制作封底效果

STEP 1 单击"图层"控制面板下方的"创建新组"按钮 □,生成新的图层组并将其命名为"封底"。新建图层并将其命名为"矩形"。将前景色设置为淡绿色(其R、G、B 的值分别为 136、150、5),选择"矩形"工具 □,在其属性栏的"选择工具模式"选项下拉列表中选择"像素",在图像窗口中适当的位置绘制一个矩形,效果如图 7-82 所示。

★ 微视频

制作美食书籍封面2

图 7-82

STEP ② 按 Ctrl＋O 组合键,分别打开资源包中的"素材文件\项目七\任务二　制作美食书籍封面\06.png、07.png、08.png"文件,选择"移动"工具 ,分别将图片拖曳到图像窗口中的适当位置,如图 7-83 所示。在"图层"控制面板中生成新的图层并将其分别命名为"图片 1""图片 2"和"条形码"。单击"封底"图层组左侧的 按钮,将"封底"图层组中的图层隐藏。

图 7-83

3. 制作书脊效果

STEP ① 单击"图层"控制面板下方的"创建新组"按钮 ,生成新的图层组并将其命名为"书脊"。新建图层并将其命名为"矩形 1"。选择"矩形"工具 ,在书脊上适当的位置再绘制一个矩形,效果如图 7-84 所示。

图 7-84

**STEP 2** 在"封面"图层组中,选中"小面包"图层,按 Ctrl＋J 组合键,复制"小面包"图层,生成新的图层"小面包 副本"。将"小面包 副本"拖曳到"书脊"图层组中的"矩形 1"图层的上方,如图 7-85 所示。选择"移动"工具 ,在图像窗口中拖曳复制出的面包图片到适当的位置并调整其大小,效果如图 7-86 所示。

图 7-85　　　　　　　　　　图 7-86

**STEP 3** 将前景色设置为白色。选择"直排文字"工具 ,在书脊上适当的位置输入需要的文字,选取文字,在其属性栏中选择合适的字体并设置文字大小,效果如图 7-87 所示。按 Alt＋←组合键,适当调整文字间距,取消文字选取状态,效果如图 7-88 所示。在"图层"控制面板中生成新的文字图层。

**STEP 4** 将前景色设置为褐色(其 R、G、B 的值分别为 65、35、37)。选择"直排文字"工具 ,在书脊上适当的位置输入需要的文字,选取文字,在其属性栏中选择合适的字体并设置文字大小,按 Alt＋→组合键,适当调整文字间距,效果如图 7-89 所示。在"图层"控制面板中生成新的文字图层。选择"直排文字"工具 ,选取文字"精编版",在其属性栏中设置合适的文字大小,效果如图 7-90 所示。

**STEP 5** 将前景色设置为白色。选择"直排文字"工具 ,在书脊上适当的位置输入需要的文字,选取文字,在其属性栏中选择合适的字体并设置文字大小,效果如图 7-91 所示,按 Alt＋→组合键,适当调整文字间距,取消文字选取状态,效果如图 7-92 所示。在"图层"控制面板中生成新的文字图层。

图 7-87　　　图 7-88　　　图 7-89　　　图 7-90　　　图 7-91　　　图 7-92

**STEP 6** 新建图层并将其命名为"星星"。将前景色设置为深红色(其 R、G、B 的值分别为 65、35、37)。选择"自定形状"工具 ,单击属性栏中的"形状"选项,弹出"形状"面板,在"形状"面板中选中图形"星形",如图 7-93 所示。按住 Shift 键的同时,在图像窗口中拖曳鼠标绘制图形,效果如图 7-94 所示。

**STEP 7** 选择"直排文字"工具 ，在书脊适当的位置输入需要的文字,选取文字,在其属性栏中选择合适的字体并设置文字大小,按 Alt＋→组合键,适当调整文字间距,效果如图 7-95 所示。在"图层"控制面板中生成新的文字图层。按 Ctrl＋;(键盘上的分号,后同)组合键,隐藏参考线。美食书籍制作完成,效果如图 7-96 所示。

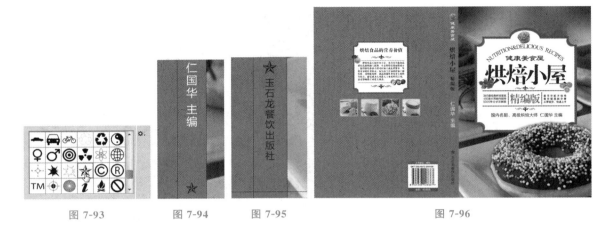

图 7-93　　　　图 7-94　　　　图 7-95　　　　　　　　图 7-96

**知识讲解**

**1.参考线的设置**

设置参考线后可以使编辑图像的位置更精确。将鼠标指针放在水平标尺上,按住鼠标左键向下拖曳出水平的参考线,效果如图 7-97 所示。将鼠标指针放在垂直标尺上,按住鼠标左键向右拖曳出垂直的参考线,效果如图 7-98 所示。

显示或隐藏参考线:选择"视图>显示>参考线"命令可以显示或隐藏参考线,此命令只有在存在参考线的情况下才能应用。

移动参考线:选择"移动"工具 ，将鼠标指针放在参考线上,鼠标指针变为 形状,按住鼠标左键拖曳即可移动参考线。

锁定、清除、新建参考线:选择"视图>锁定参考线"命令或按 Alt＋Ctrl＋;组合键可以将参考线锁定,参考线锁定后将不能移动。选择"视图>清除参考线"命令可以将参考线清除。选择"视图>新建参考线"命令,弹出"新建参考线"对话框,如图 7-99 所示。设定选项后单击"确定"按钮,图像中即可出现新建的参考线。

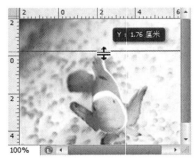

图 7-97　　　　　　　　图 7-98　　　　　　　　图 7-99

### 2.标尺的设置

设置标尺后可以精确地编辑和处理图像。选择"编辑>首选项>单位与标尺"命令,弹出相应的对话框,如图 7-100 所示。

图 7-100

"首选项"对话框中各选项的作用如下。

单位:用于设置标尺和文字的显示单位,有不同的显示单位供选择。

列尺寸:用列来精确确定图像的尺寸。

点/派卡大小:与输出有关。

选择"视图>标尺"命令,可以显示或隐藏标尺,分别如图 7-101 和图 7-102 所示。

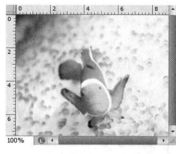

图 7-101　　　　　　　　　　　　　　　图 7-102

将鼠标指针放在标尺的 $x$ 轴和 $y$ 轴的交点处,如图 7-103 所示。单击并按住鼠标左键,向右下方拖曳鼠标到适当的位置,如图 7-104 所示。释放鼠标,标尺的 $x$ 轴和 $y$ 轴的交点就变为鼠标指针移动后的位置,如图 7-105 所示。

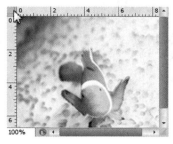
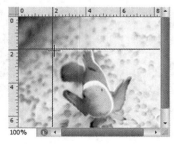
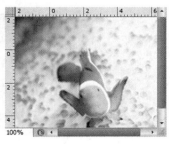

图 7-103　　　　　　　　　　图 7-104　　　　　　　　　　图 7-105

### 3．网格线的设置

设置网格线后可以将图像处理得更精准。选择"编辑＞首选项＞参考线、网格和切片"命令，弹出相应的对话框，如图 7-106 所示。该对话框中各选项的作用如下。

参考线：用于设定参考线的颜色和样式。

网格：用于设定网格的颜色、样式、网格线间隔、子网格等。

切片：用于设定切片的颜色和显示切片的编号。

选择"视图＞显示＞网格"命令可以显示或隐藏网格，分别如图 7-107 和图 7-108 所示。

图 7-106

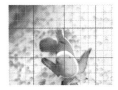

图 7-107

图 7-108

 **课堂演练——制作少儿读物书籍封面**

使用"图案填充"命令、图层混合模式制作背景效果，使用"钢笔"工具、"横排文字"工具、"添加图层样式"按钮制作标题文字，使用"圆角矩形"工具、"自定形状"工具绘制装饰图形，使用"钢笔"工具、"竖排文字"工具制作书脊区域文字。最终效果参看资源包中的"源文件\项目七\课堂演练 制作少儿读物书籍封面.psd"，如图 7-109 所示。

★ 微视频

制作少儿读物书籍封面1

★ 微视频

制作少儿读物书籍封面2

图 7-109

## 任务三　制作茶叶包装

### 任务分析

本任务是为某茶叶公司制作茶叶包装,要求表现出茶叶产品的特色,在画面制作上要清新有创意,符合公司的定位与要求。

### 设计理念

在设计和绘制过程中,使用清新素雅的颜色作为包装的背景,使用几何图形作为产品名称的底图,使名称的字体在画面中更加突出,使画面具有空间感。最终效果参看资源包中的"源文件\项目七\任务三　制作茶叶包装.psd",如图 7-110 所示。

### 任务实施

图 7-110

#### 1.制作包装平面展开图

**STEP 1** 按 Ctrl＋N 组合键,新建一个文件,宽度为 9 厘米,高度为 15 厘米,分辨率为 300 像素/英寸,颜色模式为 RGB,背景内容为白色,单击"确定"按钮。将前景色设置为黄绿色(其 R、G、B 的值分别为 212、204、152),按 Alt＋Delete 组合键,用前景色填充"背景"图层,效果如图 7-111 所示。

**STEP 2** 按 Ctrl＋O 组合键,打开资源包中的"素材文件\项目七\任务三　制作茶叶包装\01.jpg"文件,选择"移动"工具，将图片拖曳到图像窗口中适当的位置,效果如图 7-112 所示。在"图层"控制面板中生成新图层并将其命名为"图片 1"。

图 7-111

图 7-112

★ 微视频

制作茶叶包装1

**STEP 3** 单击"图层"控制面板下方的"添加图层样式"按钮，在弹出的菜单中选择"颜色叠加"命令,弹出对话框,将叠加颜色设置为绿色(其 R、G、B 的值分别为 17、151、17),其他选项的设置如图 7-113 所示。单击"确定"按钮,效果如图 7-114 所示。

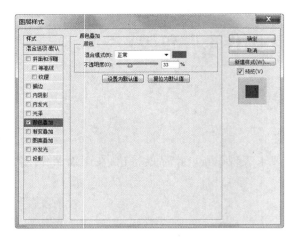

图 7-113         图 7-114

**STEP④** 单击"图层"控制面板下方的"添加图层样式"按钮 *fx*,在弹出的菜单中选择"渐变叠加"命令,弹出对话框,单击"点按可编辑渐变"按钮 ▉▉▉▉▉,弹出"渐变编辑器"对话框,将渐变颜色设置为从深绿色(其 R、G、B 的值分别为 31、95、9)到青绿色(其 R、G、B 的值分别为 33、193、176),如图 7-115 所示。单击"确定"按钮,返回"图层样式"对话框,其他选项的设置如图 7-116 所示。单击"确定"按钮,效果如图 7-117 所示。

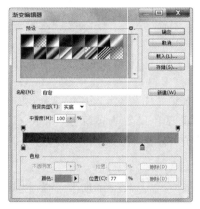
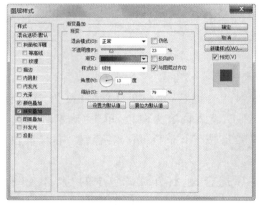

图 7-115        图 7-116       图 7-117

**STEP⑤** 在"图层"控制面板上方,将"图片 1"图层的混合模式设置为"正片叠底",如图 7-118 所示,图像效果如图 7-119 所示。

图 7-118         图 7-119

STEP **6** 单击"图层"控制面板下方的"创建新的填充或调整图层"按钮 ，在弹出的菜单中选择"色彩平衡"命令，在"图层"控制面板中生成"色彩平衡 1"图层，同时在弹出的"色彩平衡"面板中进行设置，如图 7-120 所示。按 Enter 键确认操作，效果如图 7-121 所示。

STEP **7** 新建图层并将其命名为"矩形"。将前景色设置为黑色。选择"矩形"工具 ，在其属性栏的"选择工具模式"选项下拉列表中选择"像素"，在图像窗口中拖曳鼠标绘制一个矩形，效果如图 7-122 所示。

| 图 7-120 | 图 7-121 | 图 7-122 |

STEP **8** 新建图层并将其命名为"圆形"。将前景色设置为淡黄色（其 R、G、B 的值分别为212、204、152）。选择"椭圆"工具 ，在其属性栏的"选择工具模式"选项下拉列表中选择"像素"，按住 Shift 键的同时，在图像窗口中拖曳鼠标绘制一个圆形，效果如图 7-123 所示。

STEP **9** 按住 Ctrl 键的同时，单击"圆形"图层的缩览图，图像周围生成选区，如图 7-124 所示。选择"选择>变换选区"命令，在选区周围出现控制手柄，按住 Shift 键的同时，拖曳右上角的控制手柄到适当的位置，调整选区的大小，按 Enter 键确认操作，如图 7-125 所示。

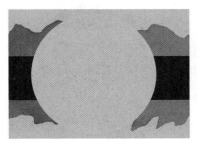
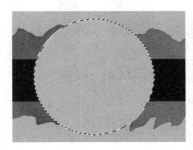
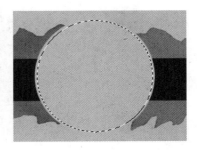

| 图 7-123 | 图 7-124 | 图 7-125 |

STEP **10** 将前景色设置为青绿色（其 R、G、B 的值分别为 45、168、135）。选择"编辑>描边"命令，弹出"描边"对话框，选项的设置如图 7-126 所示。单击"确定"按钮，按 Ctrl＋D 组合键，取消选区，效果如图 7-127 所示。

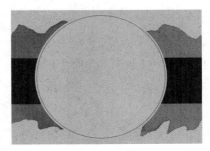

| 图 7-126 | 图 7-127 |

**STEP⑪** 将前景色设置为黑色。选择"横排文字"工具 T，在适当的位置分别输入需要的文字并选取文字，在其属性栏中分别选择合适的字体并设置大小，效果如图 7-128 所示。在"图层"控制面板中分别生成新的文字图层。

**STEP⑫** 新建图层并将其命名为"直线"。选择"直线"工具 ／，将"粗细"设置为 4 像素，按住 Shift 键的同时，在图像窗口中绘制一条直线，效果如图 7-129 所示。

图 7-128

图 7-129

**STEP⑬** 选择"移动"工具 ，按住 Alt 键的同时，拖曳直线到适当的位置，复制直线，效果如图 7-130 所示。选择"横排文字"工具 T，在适当的位置输入需要的文字并选取文字，在其属性栏中选择合适的字体并设置大小，效果如图 7-131 所示。在"图层"控制面板中生成新的文字图层。

图 7-130

图 7-131

**STEP⑭** 选择"横排文字"工具 T，单击属性栏中的"居中对齐文本"按钮 ，在适当的位置输入需要的文字并选取文字，在其属性栏中选择合适的字体并设置大小，效果如图 7-132 所示。在"图层"控制面板中生成新的文字图层。

**STEP⑮** 按 Ctrl＋T 组合键，弹出"字符"控制面板，将"设置行距" 选项设置为 7.5 点，其他选项的设置如图 7-133 所示。按 Enter 键确认操作，效果如图 7-134 所示。

图 7-132

图 7-133

图 7-134

**STEP 16** 按 Ctrl＋O 组合键，打开资源包中的"素材文件\项目七\任务三  制作茶叶包装\02.png"文件，选择"移动"工具 ，将图片拖曳到图像窗口中适当的位置，效果如图 7-135 所示。在"图层"控制面板中生成新图层并将其命名为"LOGO"。

**STEP 17** 在"图层"控制面板上方，将"LOGO"图层的混合模式设置为"正片叠底"，如图 7-136 所示，图像效果如图 7-137 所示。

图 7-135　　　　　　　　图 7-136　　　　　　　　图 7-137

**STEP 18** 选择"横排文字"工具 ，单击属性栏中的"左对齐文本"按钮 ，在适当的位置分别输入需要的文字并选取文字，在其属性栏中分别选择合适的字体并设置大小，效果如图 7-138 所示。在"图层"控制面板中生成新的文字图层。选取文字"清香型"，如图 7-139 所示。填充文字颜色的 R、G、B 的值分别为 31、127、101，取消文字选取状态，效果如图 7-140 所示。

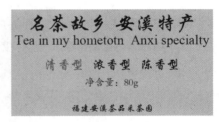

图 7-138　　　　　　　　图 7-139　　　　　　　　图 7-140

**STEP 19** 新建图层并将其命名为"形状"。将前景色设置为黑色。选择"多边形套索"工具 ，在图像窗口中绘制选区，如图 7-141 所示。按 Alt＋Delete 组合键，用前景色填充选区，按 Ctrl＋D 组合键，取消选区，效果如图 7-142 所示。

图 7-141　　　　　　　　图 7-142

STEP 20 新建图层并将其命名为"茶杯"。将前景色设置为淡黄色(其 R、G、B 的值分别为 212、204、152)。选择"钢笔"工具 ，在其属性栏的"选择工具模式"选项下拉列表中选择"路径"，在图像窗口中拖曳鼠标绘制路径，按 Ctrl+Enter 组合键，将路径转换为选区，如图 7-143 所示。按 Alt+Delete 组合键，用前景色填充选区，按 Ctrl+D 组合键，取消选区，效果如图 7-144 所示。

图 7-143　　　　　　　　　　　　　图 7-144

STEP 21 茶叶包装平面展开图制作完成。按 Shift+Ctrl+E 组合键，合并可见图层。按 Ctrl+S 组合键，弹出"存储为"对话框，选择文件保存路径，将其命名为"茶叶包装平面展开图"，保存为 JPEG 格式，单击"保存"按钮，弹出"JPEG 选项"对话框，单击"确定"按钮，将图像保存。

### 2. 制作包装立体展示图

STEP 1 按 Ctrl+O 组合键，打开资源包中的"素材文件\项目七\任务三　制作茶叶包装\03.jpg"文件，如图 7-145 所示。

STEP 2 按 Ctrl+O 组合键，打开资源包中的"源文件\项目七\任务三　制作茶叶包装\茶叶包装平面展开图"文件，选择"移动"工具 ，将图片拖曳到图像窗口中适当的位置，效果如图 7-146 所示。在"图层"控制面板中生成新图层并将其命名为"茶叶包装平面展开图"。

STEP 3 按 Ctrl+T 组合键，图像周围出现变换框，按住 Shift 键的同时，拖曳右上角的控制手柄等比例放大图片，效果如图 7-147 所示。按住 Ctrl 键的同时，拖曳左上角的控制手柄到适当的位置，如图 7-148 所示。使用相同的方法分别拖曳其他控制手柄到适当的位置，效果如图 7-149 所示。

图 7-145　　　　图 7-146　　　　　图 7-147　　　　　　图 7-148　　　　　图 7-149

STEP 4 单击属性栏中的"在自由变换和变形模式之间切换"按钮 ，切换到变形模式，如图 7-150 所示。在其属性栏的"变形"选项下拉列表中选择"拱形"，单击"更改变形方向"按钮 ，将"弯曲"设置为-13%，如图 7-151 所示。按 Enter 键确认操作，效果如图 7-152 所示。

图 7-150                图 7-151                图 7-152

**STEP 5** 在其属性栏的"变形"选项下拉列表中选择"自定",出现变形控制手柄,如图 7-153 所示。拖曳右下方的控制手柄到适当的位置,调整其弧度,效果如图 7-154 所示。使用相同的方法分别调整其他控制手柄,效果如图 7-155 所示,按 Enter 键确认变形操作,效果如图 7-156 所示。

**STEP 6** 新建图层并将其命名为"侧面 1"。将前景色设置为浅棕色(其 R、G、B 的值分别为 196、163、112)。选择"钢笔"工具 ✐ ,在图像窗口中拖曳鼠标绘制路径,按 Ctrl+Enter 组合键,将路径转换为选区,如图 7-157 所示。按 Alt+Delete 组合键,用前景色填充选区,按 Ctrl+D 组合键,取消选区,效果如图 7-158 所示。

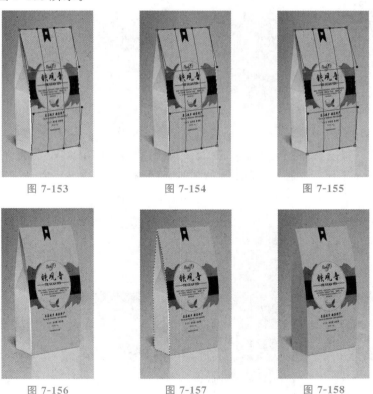

图 7-153                图 7-154                图 7-155

图 7-156                图 7-157                图 7-158

**STEP 7** 新建图层并将其命名为"高光 1"。将前景色设置为浅黄色(其 R、G、B 的值分别为 221、197、135)。选择"多边形套索"工具 ⌄ ,在图像窗口中绘制选区,如图 7-159 所示。按 Alt+Delete 组合键,用前景色填充选区,按 Ctrl+D 组合键,取消选区,效果如图 7-160 所示。

**STEP 8** 在"图层"控制面板上方,将"高光 1"图层的"不透明度"设置为 70%,如图 7-161 所示,图像效果如图 7-162 所示。使用上述相同的方法制作"高光 2",效果如图 7-163 所示。

图 7-159    图 7-160    图 7-161    图 7-162    图 7-163

**STEP ⑨** 新建图层并将其命名为"侧面 2"。将前景色设置为黑色。选择"矩形选框"工具 ，在图像窗口中绘制出需要的选区，如图 7-164 所示。

**STEP ⑩** 选择"选择>变换选区"命令，在选区周围出现变换框，在变换框中右击，在弹出的快捷菜单中选择"斜切"命令，拖曳右边中间的控制手柄到适当的位置，如图 7-165 所示，按 Enter 键确认操作。按 Alt＋Delete 组合键，用前景色填充选区，按 Ctrl＋D 组合键，取消选区，效果如图 7-166 所示。

★ 微视频

制作茶叶包装2

图 7-164    图 7-165    图 7-166

**STEP ⑪** 在"图层"控制面板上方，将"侧面 2"图层的"不透明度"设置为 85％，如图 7-167 所示，图像效果如图 7-168 所示。按住 Shift 键的同时，将"侧面 2"图层和"高光 1"图层之间的所有图层同时选取，如图 7-169 所示。按 Ctrl＋Alt＋G 组合键，为选中的图层创建剪贴蒙版，图像效果如图 7-170 所示。

图 7-167    图 7-168    图 7-169    图 7-170

**STEP ⑫** 按 Ctrl＋O 组合键，打开资源包中的"素材文件\项目七\任务三　制作茶叶包装\04.png"文件，选择"移动"工具 ，将图片拖曳到图像窗口中适当的位置，效果如图 7-171 所示。在"图层"控制面板中生成新图层并将其命名为"条形码"。

**STEP⑬** 按 Ctrl＋T 组合键，图像周围出现变换框，如图 7-172 所示，在变换框中右击，在弹出的快捷菜单中选择"斜切"命令，拖曳右边中间的控制手柄到适当的位置，如图 7-173 所示。按 Enter 键确认操作，效果如图 7-174 所示。

**STEP⑭** 选中"背景"图层。新建图层并将其命名为"阴影 1"。选择"多边形套索"工具，在图像窗口中绘制选区，如图 7-175 所示。选择"渐变"工具，单击属性栏中的"点按可编辑渐变"按钮，弹出"渐变编辑器"对话框，将渐变颜色设置为从棕色（其 R、G、B 的值分别为 173、144、66）到灰色（其 R、G、B 的值分别为 223、223、223），如图 7-176 所示，单击"确定"按钮。按住 Shift 键的同时，在图像窗口中由上至下拖曳鼠标填充渐变色，按 Ctrl＋D 组合键，取消选区，效果如图 7-177 所示。

图 7-171

图 7-172

图 7-173

图 7-174

图 7-175

图 7-176

图 7-177

**STEP⑮** 在"图层"控制面板上方，将"阴影 1"图层的"不透明度"设置为 60%，如图 7-178 所示，图像效果如图 7-179 所示。使用上述方法制作"阴影 2"，效果如图 7-180 所示。茶叶包装制作完成。

图 7-178

图 7-179

图 7-180

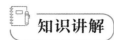 

**知识讲解**

### 1. 创建新通道

在编辑图像的过程中,可以建立新的通道,还可以在新建的通道中对图像进行编辑。新建通道有以下两种方法。

使用"通道"控制面板弹出的菜单:单击"通道"控制面板右上方的 按钮,在弹出的菜单中选择"新建通道"命令,弹出"新建通道"对话框,如图 7-181 所示。单击"确定"按钮,"通道"控制面板中会建好一个新通道,即"Alpha 1"通道,如图 7-182 所示。

图 7-181

图 7-182

"名称"选项用于设定当前通道的名称;"色彩指示"选项组用于选择两种区域方式。"颜色"选项可以设定新通道的颜色;"不透明度"选项用于设定当前通道的不透明度。

使用"通道"控制面板按钮:单击"通道"控制面板中的"创建新通道"按钮 ,即可创建一个新通道。

### 2. 复制通道

"复制通道"命令用于将现有的通道进行复制,产生多个相同属性的通道。复制通道有以下两种方法。

使用"通道"控制面板弹出的菜单:单击"通道"控制面板右上方的 按钮,在弹出的菜单中选择"复制通道"命令,弹出"复制通道"对话框,如图 7-183 所示。

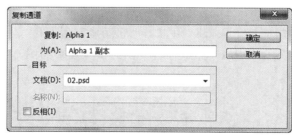
图 7-183

"为"选项用于设定复制通道的名称。

"文档"选项用于设定复制通道的文件来源。

使用"通道"控制面板按钮:将"通道"控制面板中需要复制的通道拖放到下方的"创建新通道"按钮 上,就可以将所选的通道复制为一个新通道。

### 3. 删除通道

不用的或废弃的通道可以将其删除,以免影响操作。删除通道有以下两种方法。

使用"通道"控制面板弹出的菜单:单击"通道"控制面板右上方的 ⬛ 按钮,在弹出的菜单中选择"删除通道"命令,即可将通道删除。

使用"通道"控制面板按钮:单击"通道"控制面板中的"删除当前通道"按钮 🗑 ,弹出"删除通道"提示框,如图 7-184 所示,单击"是"按钮,将通道删除。也可将需要删除的通道拖曳到"删除当前通道"按钮 🗑 上,将其删除。

### 4. 通道选项

"通道选项"命令用于设定 Alpha 通道。单击"通道"控制面板右上方的 ⬛ 按钮,在弹出的菜单中选择"通道选项"命令,弹出"通道选项"对话框,如图 7-185 所示。

图 7-184

图 7-185

"通道选项"对话框中各选项的作用如下。

"名称"选项用于命名通道名称。

"色彩指示"选项组用于设定通道中蒙版的显示方式:"被蒙版区域"选项表示蒙版区为深色显示、非蒙版区为透明显示;"所选区域"选项表示蒙版区为透明显示、非蒙版区为深色显示;"专色"选项表示以专色显示。

"颜色"选项用于设定填充蒙版的颜色。

"不透明度"选项用于设定蒙版的不透明度。

★ 微视频          ★ 微视频

制作方便面包装1    制作方便面包装2

#### 课堂演练——制作方便面包装

使用"钢笔"工具和创建剪贴蒙版命令制作背景效果,使用"载入选区"命令和"渐变"工具添加亮光,使用"文字"工具和"描边"命令添加宣传文字,使用"椭圆选框"工具和"羽化"命令制作阴影,使用"创建文字变形"工具制作文字变形,使用"矩形选框"工具和"羽化"命令制作封口。最终效果参看资源包中的"源文件\项目七\课堂演练  制作方便面包装.psd",如图 7-186 所示。

图 7-186

**实战演练——制作曲奇包装**

 **案例分析**

曲奇饼是很多年轻人喜欢的休闲食品，种类繁多，口味独特。本案例是为某食品公司设计的曲奇饼干包装，在设计上要体现曲奇饼松软可口的特性。

**设计理念**

在设计和制作过程中，以巧克力色和金黄色为主要颜色，让人从外包装上就能感觉到曲奇饼的香甜可口。正面使用曲奇饼食物图案作为包装图案，加上醒目的产品名称，突出产品信息。通过对平面效果进行变形和投影设置制作出立体包装，使包装更具真实感。整体设计简单大方，颜色质朴自然，紧扣主题。

**制作要点**

使用"矩形"工具和"图层样式"命令绘制封面底图，使用"色相/饱和度"命令、"曲线"命令和图层混合模式制作封面图片效果，使用"矩形"工具、"横排文字"工具和"直排文字"工具制作包装文字，使用"渐变"工具和"亮度/对比度"命令制作底色效果，使用"阈值"命令和"渐变映射"命令制作图片效果，使用"扭曲"命令调整包装效果，使用"扭曲"命令、图层蒙版和"渐变"工具制作包装倒影效果。最终效果参看资源包中的"源文件\项目七\实战演练　制作曲奇包装.psd"，如图 7-187 所示。

图 7-187

★ 微视频

制作曲奇包装1

★ 微视频

制作曲奇包装2

 **实战演练——制作充电宝包装**

 **案例分析**

充电宝是指可以直接给移动设备充电且自身具有储电单元的装置。本案例是为某公司制作的充电宝包装，设计要求体现充电宝时尚、便捷的特性。

### 设计理念

　　在设计和制作过程中,绿色为主的包装设计给人青春和活力的印象,起到衬托的作用。丰富的产品展示突出时尚和现代感,同时体现出便捷的特性。黄色的文字清晰醒目、主次分明,让人一目了然,达到宣传的目的。

### 制作要点

　　使用"新建参考线"命令添加参考线,使用"渐变"工具添加包装主体色,使用"横排文字"工具添加宣传文字,使用图层蒙版制作文字特殊效果。最终效果参看资源包中的"源文件\项目七\实战演练　制作充电宝包装.psd",如图 7-188 所示。

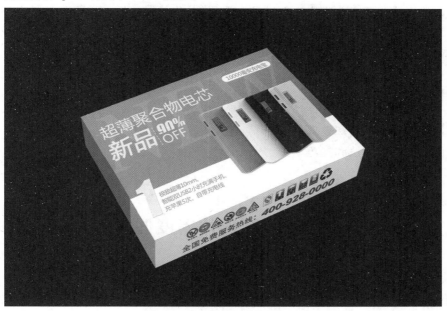

图 7-188

★ 微视频　　　★ 微视频

制作充电宝包装1　　制作充电宝包装2

# 项目八
## 网 页 设 计

一个优秀的网站必定有着独具特色的网页设计,制作精美的网站页面能够吸引浏览者的注意力。设计网页时要根据网络的特殊性对页面进行精心的设计和编排。本项目以制作多个类型的网页为例,介绍网页的设计方法和制作技巧。

 **项目目标**

- 掌握网页的设计思路和表现手法
- 掌握网页的制作方法和技巧

**任务一** 制作休闲度假网页

 **任务分析**

本任务是为某度假村制作宣传网页。要求网页设计能表现出度假村良好的服务设施,将度假村的特色充分表现,能够吸引消费者。

**设计理念**

在设计和绘制过程中,网站主体色使用肤色,搭配蓝色让人感受到海洋的感觉,网站的强调色使用纯度稍高的黄色,对比突出,给人带来强烈的视觉冲击,使浏览者印象深刻。整个网页设计符合度假村网站的特色,给人以舒适、受信任的感觉。最终效果参看资源包中的"源文件\项目八\任务一 制作休闲度假网页.psd",如图 8-1 所示。

图 8-1

## 任务实施

1．制作底图和标题

**STEP❶** 按 Ctrl＋N 组合键，新建一个文件，宽度为 1 000 像素，高度为 768 像素，分辨率为 72 像素/英寸，颜色模式为 RGB，背景内容为白色，单击"确定"按钮。将前景色设置为肤色（其 R、G、B 的值分别为 231、194、149）。按 Alt＋Delete 组合键，用前景色填充"背景"图层，效果如图 8-2 所示。

**STEP❷** 按 Ctrl＋O 组合键，打开资源包中的"素材文件\项目八\任务一　制作休闲度假网页\01.jpg"文件。选择"移动"工具 ，将海岸图片拖曳到图像窗口中适当的位置，效果如图 8-3 所示。在"图层"控制面板中生成新的图层并将其命名为"海岸"。

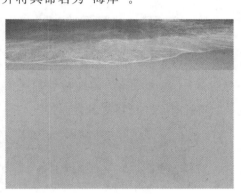

★ 微视频

制作休闲度假网页1

图 8-2　　　　　　　　　　　　　　　图 8-3

**STEP❸** 单击"图层"控制面板下方的"添加图层蒙版"按钮 ，为"海岸"图层添加图层蒙版。选择"渐变"工具 ，单击属性栏中的"点按可编辑渐变"按钮 ，弹出"渐变编辑器"对话框，将渐变色设置为从黑色到白色，单击"确定"按钮。在图像窗口中拖曳鼠标填充渐变色，效果如图 8-4 所示。

**STEP❹** 按 Ctrl＋O 组合键，打开资源包中的"素材文件\项目八\任务一　制作休闲度假网页\02.jpg"文件。选择"移动"工具 ，将贝壳图片拖曳到图像窗口中适当的位置，效果如图 8-5 所示。在"图层"控制面板中生成新图层并将其命名为"贝壳"。

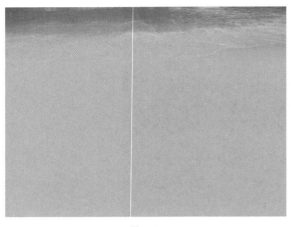

图 8-4

图 8-5

**STEP 5** 单击"图层"控制面板下方的"添加图层蒙版"按钮 ▣ ,为"贝壳"图层添加图层蒙版。将前景色设置为黑色。选择"画笔"工具 ✍ ,在其属性栏中单击"画笔"选项右侧的 ⏷ 按钮,在弹出的面板中选择需要的画笔形状,如图 8-6 所示。在图像窗口中擦除不需要的图像,效果如图 8-7 所示。

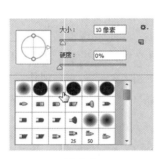

图 8-6

图 8-7

**STEP 6** 按 Ctrl+O 组合键,打开资源包中的"素材文件\项目八\任务一 制作休闲度假网页\03.jpg"文件。选择"移动"工具 ⊹ ,将船图片拖曳到图像窗口中适当的位置,效果如图 8-8 所示。在"图层"控制面板中生成新图层并将其命名为"船"。

图 8-8

**STEP 7** 单击"图层"控制面板下方的"添加图层蒙版"按钮，为"船"图层添加图层蒙版。选择"画笔"工具，在其属性栏中单击"画笔"选项右侧的按钮，在弹出的面板中选择需要的画笔形状，如图8-9所示。在图像窗口中拖曳鼠标擦除不需要的图像，效果如图8-10所示。

**STEP 8** 在"图层"控制面板中，按住Ctrl键的同时，单击选中"海岸"图层、"贝壳"图层和"船"图层。按Ctrl+G组合键，生成新的图层组并将其命名为"背景"，如图8-11所示。

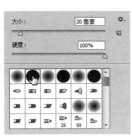

图8-9　　　　　　　　　　　图8-10　　　　　　　　　　　图8-11

**STEP 9** 将前景色设置为深蓝色（其R、G、B的值分别为2、74、129）。选择"横排文字"工具，在适当的位置分别输入需要的文字并选取文字，在其属性栏中选择合适的字体并设置大小，效果如图8-12所示。在"图层"控制面板中分别生成新的文字图层。

**STEP 10** 选取"51休闲度假村"文字图层。按Ctrl+T组合键，弹出"字符"面板，单击"仿斜体"按钮，将文字倾斜，按Enter键确认操作，效果如图8-13所示。在"图层"控制面板中，按住Ctrl键的同时，单击选中两个文字图层。按Ctrl+G组合键，生成新的图层组并将其命名为"logo"，如图8-14所示。

图8-12　　　　　　　　　　　图8-13　　　　　　　　　　　图8-14

### 2.制作导航条

**STEP 1** 新建图层并将其命名为"圆角矩形"。将前景色设置为肤色（其R、G、B的值分别为221、205、182）。选择"圆角矩形"工具，在其属性栏的"选择工具模式"选项下拉列表中选择"像素"，将"半径"设置为5像素，在图像窗口中绘制圆角矩形，如图8-15所示。

**STEP 2** 单击"图层"控制面板下方的"添加图层样式"按钮，在弹出的菜单中选择"渐变叠加"命令，弹出对话框，单击"渐变"选项右侧的"点按可编辑渐变"按钮，弹出"渐变编辑器"对话框，将渐变色设置为黄色（其R、G、B的值分别为255、208、0）到浅黄色（其R、G、B的值分别为251、255、0），单击"确定"按钮。返回"图层样式"对话框，其他选项的设置如图8-16所示。

图 8-15

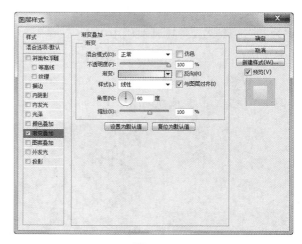

图 8-16

**STEP 3** 选择"投影"选项，切换到相应的对话框中进行设置，如图 8-17 所示。单击"确定"按钮，效果如图 8-18 所示。

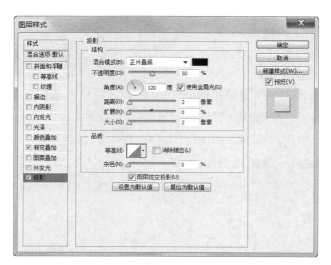

图 8-17

**STEP 4** 新建图层并将其命名为"线"。选择"直线"工具 ，在其属性栏的"选择工具模式"选项下拉列表中选择"像素"，将"半径"设置为 1 像素，按住 Shift 键的同时，在图像窗口中绘制直线，效果如图 8-19 所示。

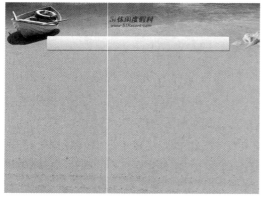

图 8-18

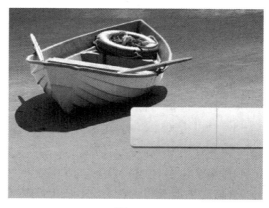

图 8-19

**STEP⑤** 选择"移动"工具 ，按住 Alt＋Shift 组合键的同时，在图像窗口中分别将直线图像拖曳到适当的位置，复制直线，效果如图 8-20 所示。在"图层"控制面板中生成多个副本图层。

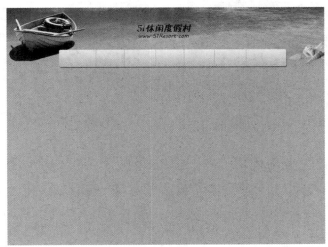

图 8-20

**STEP⑥** 将前景色设置为灰色（其 R、G、B 的值分别为 80、80、80）。选择"横排文字"工具 ，在适当的位置输入需要的文字并选取文字，在其属性栏中选择合适的字体并设置大小。选取"农家乐"，在其属性栏中将文字颜色设置为深蓝色（其 R、G、B 的值分别为 0、65、139），效果如图 8-21 所示。在"图层"控制面板中生成新的文字图层。

**STEP⑦** 在"图层"控制面板中，按住 Ctrl 键的同时，选中文字图层和多个形状图层。按 Ctrl＋G 组合键，生成新的图层组并将其命名为"导航条"，如图 8-22 所示。

图 8-21　　　　　　　　　　　　　　　　　　图 8-22

### 3. 制作网页广告条

**STEP①** 新建图层并将其命名为"广告条"。将前景色设置为褐色（其 R、G、B 的值分别为 111、95、69）。选择"矩形"工具 ，在其属性栏的"选择工具模式"选项下拉列表中选择"像素"，在图像窗口中绘制矩形，如图 8-23 所示。

**STEP②** 按 Ctrl＋O 组合键，打开资源包中的"素材文件\项目八\任务一　制作休闲度假网页\04.jpg"文件，选择"移动"工具 ，将风景图片拖曳到图像窗口中适当的位置，效果如图 8-24 所示。在"图层"控制面板中生成新的图层并将其命名为"风景"。

★ 微视频

制作休闲度假网页2

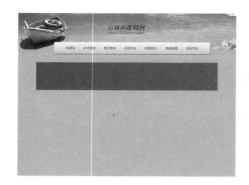

图 8-23

图 8-24

**STEP 3** 单击"图层"控制面板下方的"添加图层蒙版"按钮▣，为"风景"图层添加图层蒙版。选择"渐变"工具▣，单击属性栏中的"点按可编辑渐变"按钮▬▬▬▾，弹出"渐变编辑器"对话框，将渐变色设置为黑色到白色，单击"确定"按钮。在图像窗口中从右向左拖曳鼠标填充渐变色，效果如图 8-25 所示。

**STEP 4** 在"图层"控制面板中，按住 Alt 键的同时，将鼠标指针放在"风景"图层和"广告条"图层的中间，指针变为⤵□图标，单击创建剪贴蒙版，图像效果如图 8-26 所示。

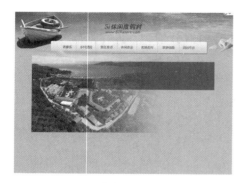

图 8-25

图 8-26

**STEP 5** 将前景色设置为黄色(其 R、G、B 的值分别为 253、241、4)。选择"横排文字"工具T，在适当的位置输入需要的文字并选取文字，在其属性栏中选择合适的字体并设置大小，效果如图 8-27 所示。在"图层"控制面板中生成新的文字图层。

**STEP 6** 按 Ctrl＋O 组合键，打开资源包中的"素材文件\项目八\任务一　制作休闲度假网页\05.png"文件，选择"移动"工具▶╋，将图片拖曳到图像窗口中适当的位置，效果如图 8-28 所示。在"图层"控制面板中生成新图层并将其命名为"拇指"。

图 8-27

图 8-28

**STEP 7** 单击"图层"控制面板下方的"添加图层样式"按钮 fx.，在弹出的菜单中选择"颜色叠加"命令，弹出对话框，将叠加颜色设置为白色，单击"确定"按钮，效果如图 8-29 所示。

**STEP 8** 新建图层并将其命名为"形状"。选择"自定形状"工具 🐭，单击"形状"选项，弹出"形状"面板，单击面板右上方的按钮 ✿.，在弹出的菜单中选择"全部"命令，弹出提示对话框，单击"确定"按钮。在"形状"面板中选中图形"靶心"，如图 8-30 所示。在其属性栏的"选择工具模式"选项下拉列表中选择"像素"，按住 Shift 键的同时，在图像窗口中拖曳指针绘制图形，如图 8-31 所示。

图 8-29      图 8-30        图 8-31

**STEP 9** 选择"椭圆选框"工具 ◯，按住 Shift 键的同时，在图像窗口中拖曳鼠标绘制圆形选区，如图 8-32 所示。按 Alt＋Delete 组合键，用前景色填充选区。按 Ctrl＋D 组合键，取消选区，如图 8-33 所示。使用相同的方法绘制其他形状，图像效果如图 8-34 所示。

图 8-32    图 8-33       图 8-34

**STEP 10** 选择"橡皮擦"工具 ✐，在其属性栏中单击"画笔"选项右侧的 · 按钮，在弹出的画笔面板中选择需要的画笔形状，如图 8-35 所示。在图像窗口中拖曳鼠标擦除不需要的图像，效果如图 8-36 所示。

**STEP 11** 在"图层"控制面板中，按住 Ctrl 键的同时，选中"广告条"图层、"风景"图层、文字图层、"拇指"图层和"形状"图层。按 Ctrl＋G 组合键，生成新的图层组并将其命名为"广告条"，如图 8-37 所示。

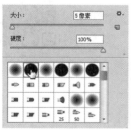

图 8-35        图 8-36        图 8-37

**4.添加内容简介**

**STEP 1** 将前景色设置为深红色（其 R、G、B 的值分别为 126、51、37）。选择"横排文字"工具 T，在适当的位置输入需要的文字并选取文字，在其属性栏中选择合适的字体并设置大小，效果如图 8-38 所示。在"图层"控制面板中生成新的文字图层。

**STEP②** 新建图层并将其命名为"直线"。选择"直线"工具 ✏️，在其属性栏的"选择工具模式"选项下拉列表中选择"像素"，将"粗细"设置为 1 像素，按住 Shift 键的同时，在图像窗口中分别绘制两条直线，效果如图 8-39 所示。

图 8-38　　　　　　　　　　　　　　　图 8-39

**STEP③** 将前景色设置为深灰色（其 R、G、B 的值分别为 45、45、45）。选择"横排文字"工具 ⊤，在适当的位置输入需要的文字并选取文字，在其属性栏中选择合适的字体并设置大小，效果如图 8-40 所示。在"图层"控制面板中生成新的文字图层。

图 8-40

**STEP④** 在"图层"控制面板中，按住 Ctrl 键的同时，选中文字图层和"直线"图层。按 Ctrl+G 组合键，生成新的图层组并将其命名为"文字介绍"，如图 8-41 所示。

**STEP⑤** 新建图层并将其命名为"形状 2"。将前景色设置为灰色（其 R、G、B 的值分别为 221、205、182）。选择"圆角矩形"工具 ⬜，在其属性栏的"选择工具模式"选项下拉列表中选择"像素"，将"半径"设置为 5 像素，在图像窗口中绘制圆角矩形，如图 8-42 所示。

★ 微视频

制作休闲度假村网页3

图 8-41　　　　　　　　　图 8-42

**STEP 6** 单击“图层”控制面板下方的“添加图层样式”按钮 fx ，在弹出的菜单中选择“渐变叠加”命令，弹出对话框，单击“渐变”选项右侧的“点按可编辑渐变”按钮，弹出“渐变编辑器”对话框，将渐变色设置为黄色（其 R、G、B 的值分别为 255、208、0）到浅黄色（其 R、G、B 的值分别为 251、255、0），单击“确定”按钮。返回“图层样式”对话框，其他选项的设置如图 8-43 所示；选择“投影”选项，切换到相应的对话框中进行设置，如图 8-44 所示。单击“确定”按钮，效果如图 8-45 所示。

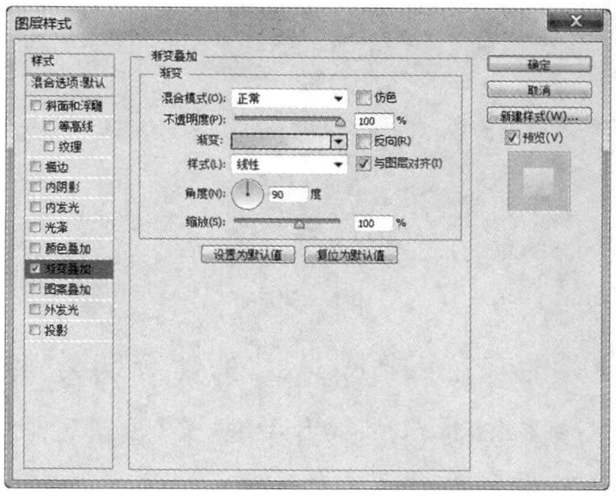
图 8-43

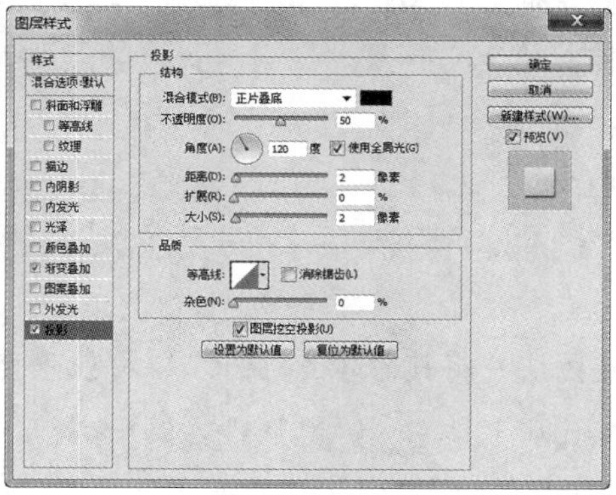
图 8-44

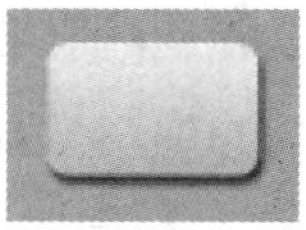
图 8-45

**STEP 7** 新建图层并将其命名为“箭头”。将前景色设置为蓝色（其 R、G、B 的值分别为 9、140、173）。选择“自定形状”工具，单击“形状”选项，弹出“形状”面板，选择需要的图形“箭头 9”，如图 8-46 所示。在其属性栏的“选择工具模式”选项下拉列表中选择“像素”，在图像窗口中拖曳鼠标绘制图形，效果如图 8-47 所示。

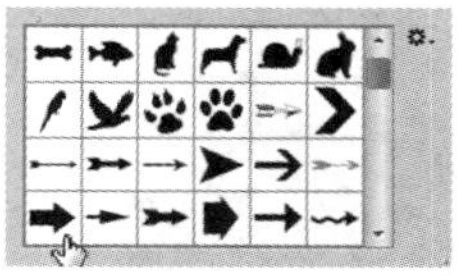
图 8-46

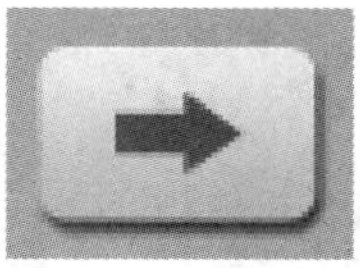
图 8-47

**STEP 8** 单击“图层”控制面板下方的“添加图层样式”按钮 fx ，在弹出的菜单中选择“内阴影”命令，弹出相应的对话框，选项的设置如图 8-48 所示。单击“确定”按钮，效果如图 8-49 所示。

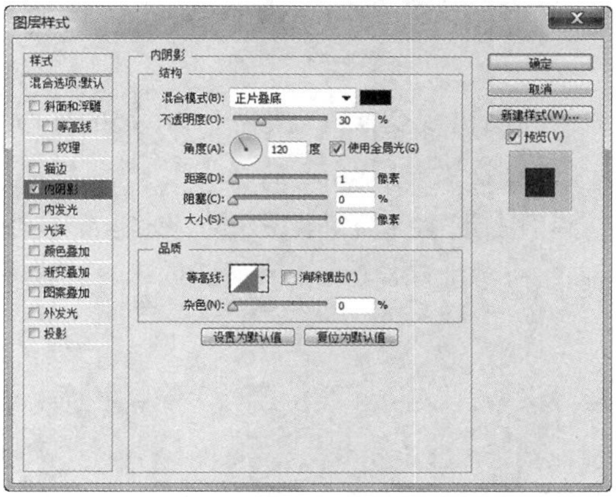
图 8-48

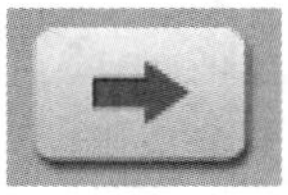
图 8-49

**STEP 9** 在“图层”控制面板中，按住 Ctrl 键的同时，选中“形状 2”图层和“箭头”图层。按 Ctrl+G 组合键，生成新的图层组并将其命名为“右箭头”，如图 8-50 所示。将“右箭头”图层组拖曳到“图层”控制面板下方的“创建新图层”按钮上进行复制，生成新的图层组并将其命名为“左箭头”。在图像窗口中将其拖曳到适当的位置，并旋转到适当的角度，效果如图 8-51 所示。

图 8-50

图 8-51

**STEP⑩** 新建图层并将其命名为"圆形"。将前景色设置为灰色(其 R、G、B 的值分别为 199、170、149)。选择"椭圆"工具 ，在其属性栏的"选择工具模式"选项下拉列表中选择"像素",按住 Shift 键的同时,在图像窗口中绘制图形,效果如图 8-52 所示。

**STEP⑪** 将"圆形"图层拖曳到"图层"控制面板下方的"创建新图层"按钮 上进行复制,生成新的图层"圆形 副本"。按住 Ctrl 键的同时,单击"圆形 副本"图层的缩览图,在图像周围生成选区,如图 8-53 所示。

**STEP⑫** 将前景色设置为白色。按 Alt＋Delete 组合键,用前景色填充选区。按 Ctrl＋D 组合键,取消选区,如图 8-54 所示。

图 8-52

图 8-53

图 8-54

**STEP⑬** 按 Ctrl＋T 组合键,在图像周围出现变换框,按住 Shift 键的同时,拖曳右上角的控制手柄等比例缩小图片,按 Enter 键确认操作,效果如图 8-55 所示。

**STEP⑭** 将"圆形 副本"图层拖曳到"图层"控制面板下方的"创建新图层"按钮 上进行复制,生成新的图层"圆形 副本 2"。按住 Ctrl 键的同时,单击"圆形 副本 2"图层的缩览图,图像周围生成选区,如图 8-56 所示。

图 8-55

图 8-56

**STEP⑮** 将前景色设置为灰色（其 R、G、B 的值分别为 25、19、18）。按 Alt＋Delete 组合键，用前景色填充选区。按 Ctrl＋D 组合键，取消选区，效果如图 8-57 所示。

**STEP⑯** 选择"移动"工具，在图像窗口中将"圆形 副本 2"图层移动到图像窗口中适当的位置，如图 8-58 所示。

图 8-57                                    图 8-58

**STEP⑰** 按 Ctrl＋O 组合键，打开资源包中的"素材文件\项目八\任务一　制作休闲度假网页\06.jpg"文件。将图片拖曳到图像窗口中适当的位置并调整大小，效果如图 8-59 所示。在"图层"控制面板中生成新图层并将其命名为"图片"。

**STEP⑱** 在"图层"控制面板中，按住 Alt 键的同时，将鼠标指针放在"圆形 副本 2"图层和"图片"图层的中间，指针变为图标，单击创建剪贴蒙版，图像效果如图 8-60 所示。

图 8-59                                    图 8-60

**STEP⑲** 在"图层"控制面板中，按住 Ctrl 键的同时，选中"圆形"图层、"圆形 副本"图层、"圆形 副本 2"图层和"图片"图层。按 Ctrl＋G 组合键，生成新的图层组并将其命名为"图片 1"，如图 8-61 所示。

图 8-61

**STEP 20** 运用相同的方法制作其他图片效果，并将其编组，分别重命名为"图片 2"和"图片 3"，"图层"控制面板如图 8-62 所示。休闲度假网页制作完成，效果如图 8-63 所示。

图 8-62                                                    图 8-63

### 1.路径控制面板

新建文档，绘制一条路径，然后选择"窗口>路径"命令，弹出"路径"控制面板，如图 8-64 所示。

### 2.新建路径

新建路径有以下两种方法。

使用"路径"控制面板弹出的菜单：单击"路径"控制面板右上方的▼按钮，在弹出的菜单中选择"新建路径"命令，弹出"新建路径"对话框，如图 8-65 所示。单击"确定"按钮，"路径"控制面板如图 8-66 所示。

图 8-64                            图 8-65                            图 8-66

"名称"选项用于设定新路径的名称，可以选择与前一路径创建剪贴蒙版。

使用"路径"控制面板按钮或快捷键：单击"路径"控制面板中的"创建新路径"按钮 ▣，可以创建一个新路径；按住 Alt 键，单击"路径"控制面板中的"创建新路径"按钮 ▣，弹出"新建路径"对话框。

### 3.复制路径

复制路径有以下两种方法。

使用"路径"控制面板弹出的菜单：单击"路径"控制面板右上方的▼按钮，在弹出的菜单中选择"复制路径"命令，弹出"复制路径"对话框，如图 8-67 所示。单击"确定"按钮，"路径"控制面板如图 8-68 所示。

图 8-67　　　　　　　　　　　　　　图 8-68

"名称"选项用于设定复制路径的名称。

使用"路径"控制面板按钮：将"路径"控制面板中需要复制的路径拖放到下面的"创建新路径"按钮 ⬚ 上，就可以将所选的路径复制出一个新路径。

### 4.删除路径

删除路径有以下两种方法。

使用"路径"控制面板弹出的菜单：单击"路径"控制面板右上方的 ⬚ 按钮，在弹出的菜单中选择"删除路径"命令，将路径删除。

使用"路径"控制面板按钮：选择需要删除的路径，单击"路径"控制面板中的"删除当前路径"按钮 ⬚ ，将选择的路径删除，或将需要删除的路径拖放到"删除当前路径"按钮 ⬚ 上，将该路径删除。

### 5.重命名路径

双击"路径"控制面板中的路径名，出现重命名路径文本框，重新输入名称后，按 Enter 键确认操作即可，效果如图 8-69 所示。

图 8-69

### 6."路径选择"工具

"路径选择"工具用于选择一个或几个路径并对其进行移动、组合、对齐、分布和变形。

选择"路径选择"工具 ⬚ 或反复按 Shift＋A 组合键，其属性栏状态如图 8-70 所示。

图 8-70

### 7."直接选择"工具

"直接选择"工具用于移动路径中的锚点或线段，还可以调整手柄和控制点。

选择"直接选择"工具 ⬚ ，拖曳路径中的锚点来改变路径的弧度，如图 8-71 所示。

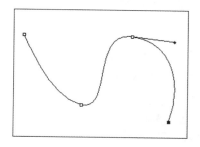

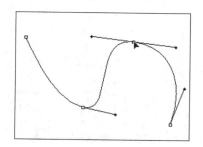

图 8-71

8. 矢量蒙版

打开一幅图像，如图 8-72 所示。选择"自定形状"工具，在其属性栏的"选择工具模式"选项下拉列表中选择"路径"，在"形状"面板中选中"叶子 5"图形，如图 8-73 所示。

图 8-72                                        图 8-73

在图像窗口中绘制路径，如图 8-74 所示，选中"叶子 5"，选择"图层>矢量蒙版>当前路径"命令，为"图片"添加矢量蒙版，如图 8-75 所示。图像窗口中的效果如图 8-76 所示。选择"直接选择"工具可以修改路径的形状，从而修改蒙版的遮罩区域，效果如图 8-77 所示。

图 8-74            图 8-75            图 8-76            图 8-77

## 课堂演练——制作家具网页

使用"横排文字"工具、"栅格化文字"命令和"多边形套索"工具制作标志，使用"矩形"工具、"直线"工具和"填充"工具制作导航条，使用"移动"工具、"不透明度"选项和"横排文字"工具制作主题图片，使用"横排文字"工具和"自定形状"工具添加其他相关信息。最终效果参看资源包中的"源文件\项目八\课堂演练 制作家具网页.psd"，如图 8-78 所示。

★ 微视频          ★ 微视频

制作家具网页1       制作家具网页2

图 8-78

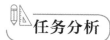 **任务分析**

　　本任务是为某婚纱摄影公司设计制作网页。婚纱摄影公司主要针对的客户是即将步入婚姻殿堂的新人们。在网页设计上希望能表现出浪漫温馨的气氛,创造出具有时尚魅力的婚纱艺术效果。

**设计理念**

　　在设计和制作过程中,页面中间使用金色的背景和具有时代艺术特点的装饰花纹充分体现出页面的高贵典雅和时尚美观。漂亮的婚纱照和玫瑰花的结合处理,充分体现出婚纱摄影带给新人的浪漫和温馨。页面上方的导航栏设计简洁大方,有利于用户的浏览。页面下方对公司的业务信息和活动内容进行灵活的编排,展示出宣传的主题。最终效果参看资源包中的"源文件\项目八\任务二　制作婚纱摄影网页.psd",如图 8-79 所示。

图 8-79

**任务实施**

1.制作背景效果

　　**STEP①** 按 Ctrl+O 组合键,打开资源包中的"素材文件\项目八\任务二　制作婚纱摄影网页\01.jpg"文件,如图 8-80 所示。单击"图层"控制面板下方的"创建新组"按钮，生成新的图层组并将其命名为"导航"。

图 8-80

**STEP 2** 将前景色设置为白色。选择"自定形状"工具，单击属性栏中的"形状"选项，弹出"形状"面板，单击"形状"面板右上方的按钮，在弹出的菜单中选择"全部"选项，弹出提示对话框，单击"确定"按钮。在面板中选中需要的图形，如图 8-81 所示。在其属性栏的"选择工具模式"选项下拉列表中选择"形状"，按住 Shift 键的同时，在图像窗口中拖曳鼠标绘制图形，效果如图 8-82 所示。

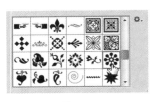

图 8-81　　　　　　　　　　图 8-82

**STEP 3** 单击"图层"控制面板下方的"添加图层样式"按钮，在弹出的菜单中选择"颜色叠加"命令，弹出对话框，将叠加颜色设置为灰色（其 R、G、B 的值分别为 233、233、233），其他选项的设置如图 8-83 所示。单击"确定"按钮，效果如图 8-84 所示。

★ 微视频

制作婚纱摄影网页1

图 8-83　　　　　　　　　　图 8-84

216

**STEP ④** 单击"图层"控制面板下方的"添加图层样式"按钮 **fx.**,在弹出的菜单中选择"描边"命令,弹出对话框,将描边颜色设置为浅灰色(其 R、G、B 的值分别为 220、220、220),其他选项的设置如图 8-85 所示。单击"确定"按钮,隐藏路径后,效果如图 8-86 所示。

**STEP ⑤** 将前景色设置为粉红色(其 R、G、B 的值分别为 214、8、95)。选择"自定形状"工具 **✿**,单击属性栏中的"形状"选项,弹出"形状"面板,在"形状"面板中选中图形"红心形卡",如图 8-87 所示。在其属性栏的"选择工具模式"选项下拉列表中选择"像素",按住 Shift 键的同时,在图像窗口中拖曳鼠标绘制图形,效果如图 8-88 所示。

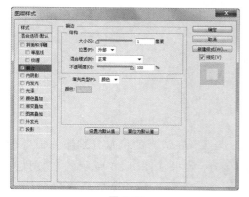

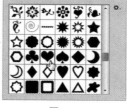

图 8-85　　　　图 8-86　　　　图 8-87　　　　图 8-88

**STEP ⑥** 单击"图层"控制面板下方的"添加图层样式"按钮 **fx.**,在弹出的菜单中选择"描边"命令,弹出对话框,将描边颜色设置为白色,其他选项的设置如图 8-89 所示。单击"确定"按钮,隐藏路径后,效果如图 8-90 所示。

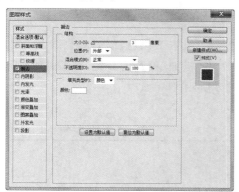

图 8-89　　　　　　　　　　图 8-90

**STEP ⑦** 选择"横排文字"工具 **T**,在适当的位置输入需要的文字,选取文字,在其属性栏中选择合适的字体并设置文字大小,按 Alt＋← 组合键,调整文字间距,效果如图 8-91 所示。在"图层"控制面板中生成新的文字图层。选择"横排文字"工具 **T**,选中文字"爱惜",填充文字为黑色,取消文字选取状态,效果如图 8-92 所示。

**STEP ⑧** 将前景色设置为淡灰色(其 R、G、B 的值分别为 160、160、160)。选择"横排文字"工具 **T**,在适当的位置输入需要的文字,选取文字,在其属性栏中选择合适的字体并设置文字大小,效果如图 8-93 所示。在"图层"控制面板中生成新的文字图层。

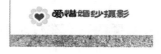

图 8-91　　　　　　图 8-92　　　　　　图 8-93

**STEP ⑨** 将前景色设置为深灰色(其 R、G、B 的值分别为 127、126、125)。选择"横排文字"工具 [T],在适当的位置输入需要的文字,选取文字,在其属性栏中选择合适的字体并设置文字大小,效果如图 8-94 所示。在"图层"控制面板中生成新的文字图层。选择"横排文字"工具 [T],选中"首页",填充文字为洋红色(其 R、G、B 的值分别为 214、8、95),取消文字选取状态,效果如图 8-95 所示。

图 8-94

图 8-95

**STEP ⑩** 将前景色设置为黑色。选择"横排文字"工具 [T],在适当的位置分别输入需要的文字并选取文字,在其属性栏中选择合适的字体并设置文字大小,效果如图 8-86 所示。在"图层"控制面板中分别生成新的文字图层。选择"横排文字"工具 [T],选中">>",填充文字为洋红色(其 R、G、B 的值分别为 214、8、95),取消文字选取状态,效果如图 8-87 所示。

图 8-96 图 8-97

**STEP ⑪** 新建图层并将其命名为"黑线"。将前景色设置为黑色。选择"直线"工具 [/],在其属性栏的"选择工具模式"选项下拉列表中选择"像素",将"粗细"设置为 2 像素,按住 Shift 键的同时,在图像窗口中拖曳鼠标绘制一条直线,效果如图 8-98 所示。

图 8-98

**STEP ⑫** 新建图层并将其命名为"灰条"。选择"矩形"工具 [■],在其属性栏的"选择工具模式"选项下拉列表中选择"像素",在适当的位置拖曳鼠标绘制一个矩形,如图 8-99 所示。在"图层"控制面板中,将"灰条"图层的"不透明度"设置为 50%,图像效果如图 8-100 所示。单击"导航"图层组左侧的 ▼ 按钮,将"导航"图层组中的图层隐藏。

图 8-99

图 8-100

**STEP⑬** 按 Ctrl＋O 组合键,打开资源包中的"素材文件\项目八\任务二　制作婚纱摄影网页\02.png"文件,选择"移动"工具 ,将图片拖曳到图像窗口中的适当位置,如图 8-101 所示。在"图层"控制面板中生成新的图层并将其命名为"标题"。

图 8-101

**2.编辑素材图片**

**STEP①** 单击"图层"控制面板下方的"创建新组"按钮 ,生成新的图层组并将其命名为"图片"。新建图层并将其命名为"灰条 1"。将前景色设置为黑色。选择"矩形"工具 ,在其属性栏的"选择工具模式"选项下拉列表中选择"像素",在适当的位置拖曳鼠标绘制一个矩形,如图 8-102 所示。在"图层"控制面板中,将"灰条 1"图层的"不透明度"设置为 55％,图像效果如图 8-103 所示。

图 8-102

图 8-103

**STEP②** 将前景色设置为白色。选择"横排文字"工具 ,单击属性栏中的"右对齐文本"按钮 ,在适当的位置分别输入需要的文字并选取文字,在其属性栏中选择合适的字体并设置文字大小,效果如图 8-104 所示。在"图层"控制面板中分别生成新的文字图层。选择"横排文字"工具 ,选中"010－56823－69547"(为防止好奇的读者拨打电话影响他人生活,特将号码设置为 13 位),填充文字为黄色(其 R、G、B 的值分别为 255、204、0),取消文字选取状态,效果如图 8-105 所示。

图 8-104

**STEP 3** 新建图层并将其命名为"竖条"。将前景色设置为白色。选择"直线"工具 ✎，在其属性栏的"选择工具模式"选项下拉列表中选择"像素"，将"粗细"设置为 1 像素，按住 Shift 键的同时，在适当的位置拖曳鼠标绘制一条直线，效果如图 8-106 所示。在"图层"控制面板中，将"竖条"图层的"不透明度"设置为 80％，图像效果如图 8-107 所示。

**STEP 4** 按 Ctrl＋O 组合键，打开资源包中的"素材文件\项目八\任务二　制作婚纱摄影网页\03.png"文件，选择"移动"工具 ✛，将图片拖曳到图像窗口中的适当位置，如图 8-108 所示。在"图层"控制面板中生成新的图层并将其命名为"电话"。

图 8-105　　　　　　　图 8-106　　　　　　　图 8-107　　　　　　　图 8-108

**STEP 5** 新建图层并将其命名为"框"。将前景色设置为白色。选择"矩形"工具 ▦，在其属性栏的"选择工具模式"选项下拉列表中选择"像素"，在适当的位置分别拖曳鼠标绘制多个等大的矩形，如图 8-109 所示。

图 8-109

**STEP 6** 单击"图层"控制面板下方的"添加图层样式"按钮 fx，在弹出的菜单中选择"描边"命令，弹出对话框，将描边颜色设置为淡黑色（其 R、G、B 的值分别为 25、25、25），其他选项的设置如图 8-110 所示。单击"确定"按钮，效果如图 8-111 所示。

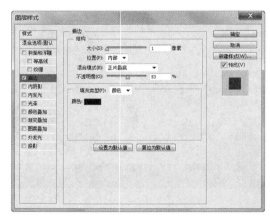

图 8-110　　　　　　　　　　　　　　　　　　　图 8-111

**STEP 7** 按 Ctrl＋O 组合键，打开资源包中的"素材文件\项目八\任务二　制作婚纱摄影网页\04.jpg"文件，选择"移动"工具 ✛，将图片拖曳到图像窗口中的适当位置，如图 8-112 所示。在"图层"控制面板中生成新的图层并将其命名为"图片 1"。按 Ctrl＋Alt＋G 组合键，为"图片 1"图层创建剪贴蒙版，效果如图 8-113 所示。

图 8-112　　　　　　　　　　　　　　图 8-113

**STEP 8** 打开 05.jpg、06.jpg、07.jpg、08.jpg 文件,将其分别拖曳到图像窗口中适当的位置并调整其大小,用上述方法制作出如图 8-114 所示的效果。单击"图片"图层组左侧的 ▼ 按钮,将"图片"图层组中的图层隐藏。

图 8-114

### 3.添加联系方式

**STEP 1** 单击"图层"控制面板下方的"创建新组"按钮 📁,生成新的图层组并将其命名为"底部"。新建图层并将其命名为"黑框"。将前景色设置为淡黑色(其 R、G、B 的值分别为 25、25、25)。选择"矩形"工具 ▣,在其属性栏的"选择工具模式"选项下拉列表中选择"像素",在适当的位置拖曳鼠标绘制一个矩形,如图 8-115 所示。

图 8-115

**STEP 2** 在"导航"图层组中,按住 Shift 键的同时,依次单击选取需要的图层,如图 8-116 所示。按 Ctrl+J 组合键,复制选中的图层,生成新的副本图层,按 Ctrl+E 组合键,合并副本图层并将其命名为"标",如图 8-117 所示。将"标"图层拖曳到"底部"图层组中的"黑框"图层的上方,如图 8-118 所示。

图 8-116　　　　　图 8-117　　　　　图 8-118

**STEP 3** 选择"移动"工具 ➤,按住 Shift 键的同时,在图像窗口中垂直向下拖曳复制出的图形到适当的位置,效果如图 8-119 所示。按 Ctrl+Shift+U 组合键,将图像去色,效果如图 8-120 所示。在"图层"控制面板中,将"标"图层的"不透明度"设置为 50%,图像效果如图 8-121 所示。

图 8-119　　　　　图 8-120　　　　　图 8-121

STEP 4 将前景色设置为淡灰色(其 R、G、B 的值分别为 138、138、138)。选择"横排文字"工具 T ,单击属性栏中的"左对齐文本"按钮 ,在适当的位置分别输入需要的文字并选取文字,在其属性栏中选择合适的字体并设置文字大小,效果如图 8-122 所示。在"图层"控制面板中分别生成新的文字图层。婚纱摄影网页制作完成,效果如图 8-123 所示。

图 8-122

图 8-123

## 知识讲解

### 1.图层组

当编辑多层图像时,为了方便操作,可以将多个图层建立在一个图层组中。

单击"图层"控制面板右上方的 按钮。在弹出的菜单中选择"新建组"命令,弹出"新建组"对话框,单击"确定"按钮,新建一个图层组,如图 8-124 所示。选中要放置到组中的多个图层,如图 8-125 所示,将其向图层组中拖曳,选中的图层被放置在图层组中,如图 8-126 所示。

图 8-124

图 8-125

图 8-126

### 2. 恢复到上一步操作

在编辑图像的过程中可以随时将操作返回上一步，也可以还原图像到恢复前的效果。

选择"编辑>还原"命令或按 Ctrl＋Z 组合键，可以恢复到图像的上一步操作。如果想还原图像到恢复前的效果，再次按 Ctrl＋Z 组合键即可。

### 3. 中断操作

当 Photoshop CS6 正在进行图像处理时，如果想中断这次的操作，可以按 Esc 键。

### 4. 恢复到操作过程的任意步骤

在绘制和编辑图像的过程中，有时需要将操作恢复到某一个阶段。

"历史记录"控制面板可以将进行过多次处理操作的图像恢复到任意一步操作时的状态，即"多次恢复功能"。选择"窗口>历史记录"命令，弹出"历史记录"控制面板，如图 8-127 所示。

控制面板下方的按钮从左至右依次为"从当前状态创建新文档"按钮 、"创建新快照"按钮 和"删除当前状态"按钮 。

"从当前状态创建新文档"按钮 ：可以为当前状态的图像或快照复制一个新的图像文件。

"创建新快照"按钮 ：可以将当前的图像保存为新快照，新快照可以在"历史记录"控制面板中的历史记录被清除后对图像进行恢复。

"删除当前状态"按钮 ：可以对当前状态的图像或快照进行删除。

单击"历史记录"控制面板右上方的 按钮，弹出其下拉菜单，如图 8-128 所示。该面板中各选项的作用如下。

图 8-127　　　　　　　　　　　　　　　　图 8-128

前进一步：用于将滑块向下移动一位。

后退一步：用于将滑块向上移动一位。

新建快照：用于根据当前滑块所指的操作记录建立新的快照。

删除：用于删除控制面板中滑块所指的操作记录。

清除历史记录：用于清除控制面板中除最后一条记录外的所有记录。

新建文档：用于由当前状态或者快照建立新的文件。

历史记录选项：用于设置"历史记录"控制面板。

"关闭"和"关闭选项卡组"：用于关闭"历史记录"控制面板和控制面板所在的选项卡组。

### 5. "动作"控制面板

"动作"控制面板用于对一批需要进行相同处理的图像执行批处理操作，以减少重复操作带来的麻烦。选择"窗口>动作"命令，或按 Alt＋F9 组合键，弹出如图 8-129 所示的"动作"控制面板。其中包括"停止播放/记录"按钮 、"开始记录"按钮 、"播放选定的动作"按钮 、"创建新组"按钮 、"创建新动作"按钮 和"删除"按钮 。

单击"动作"控制面板右上方的 按钮，弹出其下拉菜单，如图 8-130 所示。

图 8-129　　　　　　　　　图 8-130

### 6. 创建动作

在"动作"控制面板中可以非常便捷地记录并应用动作。打开一幅图像，如图 8-131 所示。在"动作"控制面板弹出的菜单中选择"新建动作"命令，弹出"新建动作"对话框，选项的设置如图 8-132 所示。单击"记录"按钮，在"动作"控制面板中出现"动作 1"，如图 8-133 所示。

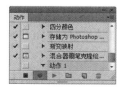

图 8-131　　　　　　　　图 8-132　　　　　　　　图 8-133

在"图层"控制面板中新建"图层 1",如图 8-134 所示。在"动作"控制面板中记录下新建"图层1"的动作,如图 8-135 所示。在"图层 1"中绘制出渐变效果,如图 8-136 所示。在"动作"控制面板中记录下渐变的动作,如图 8-137 所示。

图 8-134　　　　　　　图 8-135　　　　　　　图 8-136　　　　　　　图 8-137

在"图层"控制面板的"模式"下拉列表中选择"正片叠底"模式,如图 8-138 所示。在"动作"控制面板中记录下选择混合模式的动作,如图 8-139 所示。对图像的编辑完成后,效果如图 8-140 所示。单击"停止记录"按钮■,即可完成"动作 1"的记录,如图 8-141 所示。

图 8-138　　　　　　　图 8-139　　　　　　　图 8-140　　　　　　　图 8-141

图像的编辑过程被记录在"动作 1"中,"动作 1"中的编辑过程可以应用到其他的图像中。再打开一幅图像,如图 8-142 所示。在"动作"控制面板中选择"动作 1",如图 8-143 所示。单击"播放选定的动作"按钮 ▶,图像编辑的过程和效果就是刚才编辑图像时的编辑过程和效果,如图 8-144 所示。

图 8-142　　　　　　　图 8-143　　　　　　　图 8-144

**课堂演练——制作手机网页**

使用"圆角矩形"工具和"图层样式"命令制作头部,使用"横排文字"工具、动感模糊和"自定形状"工具制作宣传语,使用图层蒙版和"渐变"工具制作网页主体。最终效果参看资源包中的"源文件\项目八\课堂演练　制作手机网页.psd",如图 8-145 所示。

★ 微视频　　　★ 微视频

制作手机网页1　　制作手机网页2

图 8-145

 **实战演练——制作甜品网页**

 **案例分析**

甜品能给人带来好心情,品尝甜品已不仅仅是简单的味觉感受,更是一种精神享受,所以甜品对于大多数人来说就更具有意义。本案例是设计一个甜品网页,重点介绍甜品的种类及购买方式等。网页设计要求画面美观,视觉醒目。

**设计理念**

在设计和制作过程中,浅淡的背景色带给人清凉、舒爽的感觉,与色彩艳丽的甜品形成对比,在展现甜品美味可口特点的同时,突出网页设计的主体。上方的导航条设计清晰直观,在方便人们浏览的同时,体现出可爱、温馨的氛围。整个网页设计清新醒目,注重细节的处理和设计,色彩丰富明亮,使浏览者赏心悦目、心情愉悦。

**制作要点**

使用"矩形"工具和"画笔"工具制作背景图形,使用"横排文字"工具和"图层样式"命令制作导航,使用"圆角矩形"工具和剪贴蒙版制作网页主体。最终效果参看资源包中的"源文件\项目八\实战演练　制作甜品网页.psd",如图 8-146 所示。

图 8-146

 **实战演练——制作绿色粮仓网页**

### 案例分析

本案例是为某企业设计制作网页,在设计上要求结构简洁,主题明确,能突出公司的整体经营内容和经营特色。

### 设计理念

在设计和制作过程中,以黄色为主色调,体现了粮食作物的成熟和优质,黄色也是大多数谷物的颜色,图文结合的图标醒目了然,突出主题。导航条使用纯白的背景和黄色的文字使分类更加明显。一张成熟的麦田图和人物图像的结合,使网站更具人性化,让用户感受到温馨的气息,同时突出网页宣传的主体。简洁清晰的图片排列和文字介绍给人明确清晰、醒目、直观的印象,宣传性强。整个页面简洁工整,体现了公司认真、积极的工作态度。

### 制作要点

使用"文字"工具和"矩形"工具制作导航条,使用"钢笔"工具、"椭圆"工具和"创建剪贴蒙版"命令制作广告条区域和小图标效果,使用"圆角矩形"工具和"文字"工具制作广告信息区域。最终效果参看资源包中的"源文件\项目八\实战演练　制作绿色粮仓网页.psd",如图 8-147 所示。

制作绿色粮仓网页1

制作绿色粮仓网页2

图 8-147

# 项目九
# UI 设 计

UI(User Interface)设计,即用户界面设计,主要包括人机交互、操作逻辑和界面美观的整体设计。随着信息技术的高速发展,用户对信息的需求量不断增加,图形界面的设计也越来越多样化。本项目以制作多个 UI 图标、界面为例,讲解 UI 图标、界面的设计方法和制作技巧。

## 项目目标

- 掌握 UI 的设计思路和手法
- 掌握 UI 的制作方法和技巧

## 任务一  制作相机图标

### 任务分析

随着手机的普及,手机端的设计也越来越受欢迎,尤其是扁平化的图标设计,本任务是制作相机图标,要求图标简洁易懂,大气美观。

### 设计理念

在设计和制作过程中,使用最常见的圆角矩形的图标,能够更好地适配各种型号的手机。用扁平化的手法绘制的相机镜头,形象地表达了图标的含义,不同颜色的色环让图标显得更立体。简洁的文字图标不仅起到说明性的作用,还进一步美化了整体图标。最终效果参看资源包中的"源文件\项目九\任务一  制作相机图标.psd",如图 9-1 所示。

图 9-1

**任务实施**

**STEP 1** 按 Ctrl＋N 组合键,新建一个文件,宽度为 23.28 厘米,高度为 23.28 厘米,分辨率为 72 像素/英寸,颜色模式为 RGB,背景内容为白色。

**STEP 2** 单击"图层"控制面板下方的"创建新组"按钮![ ],生成新的图层组并将其命名为"相机图标"。将前景色设置为肤色(其 R、G、B 的值分别为 241、236、233)。选择"圆角矩形"工具![ ],在其属性栏的"选择工具模式"选项下拉列表中选择"形状",将"半径"设置为 150 像素,在图像窗口中绘制一个圆角矩形,如图 9-2 所示。在"图层"控制面板中生成新的图层"圆角矩形 1"。

**STEP 3** 将前景色设置为棕色(其 R、G、B 的值分别为 134、96、73)。选择"矩形"工具![ ],在其属性栏的"选择工具模式"选项下拉列表中选择"形状",在图像窗口中绘制一个矩形,如图 9-3 所示,在"图层"控制面板中生成新的图层"矩形 1"。

图 9-2

图 9-3

★ 微视频

制作相机图标

**STEP 4** 单击"图层"控制面板下方的"添加图层样式"按钮![fx],在弹出的菜单中选择"描边"命令,弹出对话框,将描边颜色设置为黑色,其他选项的设置如图 9-4 所示,单击"确定"按钮,效果如图 9-5 所示。

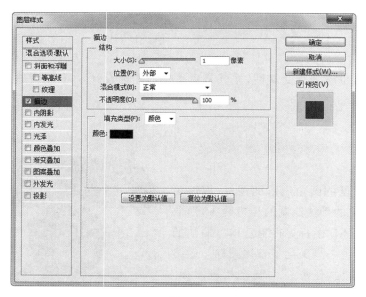
图 9-4

图 9-5

**STEP 5** 将前景色设置为红色(其 R、G、B 的值分别为 253、50、77)。选择"矩形"工具![ ],在图像窗口中绘制矩形,如图 9-6 所示。在"图层"控制面板中生成新的图层"矩形 2"。

**STEP 6** 选择"移动"工具 ，在图像窗口中，按 Alt＋Shift 组合键，水平向右复制矩形到适当位置，填充矩形为黄色(其 R、G、B 的值分别为 255、211、66)，效果如图 9-7 所示。使用相同的方法复制其他矩形并填充适当的颜色，效果如图 9-8 所示。

图 9-6　　　　　　　图 9-7　　　　　　　图 9-8

**STEP 7** 按住 Ctrl 键的同时，将需要的图层同时选取，如图 9-9 所示。按 Ctrl＋Alt＋G 组合键，创建剪贴蒙版，如图 9-10 所示，效果如图 9-11 所示。

图 9-9　　　　　　　　　　　　　图 9-10

**STEP 8** 将前景色设置为黑色。选择"圆角矩形"工具 ，将"半径"设置为 10 像素，在图像窗口中绘制圆角矩形，如图 9-12 所示。在"图层"控制面板中生成新的图层并将其命名为"圆角矩形 2"。

**STEP 9** 将前景色设置为紫色(其 R、G、B 的值分别为 63、41、64)，选择"椭圆"工具 ，在其属性栏的"选择工具模式"选项下拉列表中选择"形状"，按住 Shift 键的同时，在图像窗口中分别绘制圆形并填充适当的颜色，效果如图 9-13 所示。在"图层"控制面板中分别生成新的图层。

图 9-11　　　　　　　　　图 9-12　　　　　　　　图 9-13

STEP⑩ 将前景色设置为灰色(其 R、G、B 的值分别为 204、195、189),选择"椭圆"工具 ，按住 Shift 键的同时,在图像窗口中绘制圆形,效果如图 9-14 所示。在"图层"控制面板中生成新的图层"椭圆 4"。

STEP⑪ 单击"图层"控制面板下方的"添加图层样式"按钮 ，在弹出的菜单中选择"投影"命令,将投影颜色设置为棕色(其 R、G、B 的值分别为 34、23、20),其他选项的设置如图 9-15 所示。单击"确定"按钮,效果如图 9-16 所示。

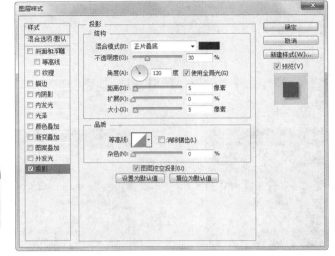

图 9-14　　　　　　　图 9-15　　　　　　　图 9-16

STEP⑫ 选择"椭圆"工具 ，在其属性栏的"选择工具模式"选项下拉列表中选择"形状",按住 Shift 键的同时,在图像窗口中分别绘制圆形并填充适当的颜色,效果如图 9-17 所示。在"图层"控制面板中分别生成新的图层。

STEP⑬ 单击"图层"控制面板下方的"添加图层样式"按钮 ，在弹出的菜单中选择"描边"命令,弹出对话框,将描边颜色设置为黑色,其他选项的设置如图 9-18 所示。单击"确定"按钮,效果如图 9-19 所示。

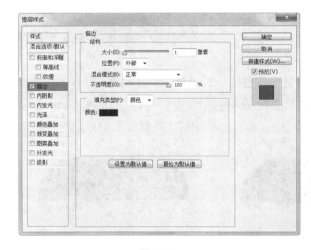

图 9-17　　　　　　　图 9-18　　　　　　　图 9-19

STEP⑭ 选择"椭圆"工具 ，按住 Shift 键的同时,在图像窗口中分别绘制圆形,并填充适当的颜色,效果如图 9-20 所示。在"图层"控制面板中分别生成新的图层。

**STEP⑮** 新建图层并将其命名为"高光"。将前景色设置为白色。选择"椭圆选框"工具 ◯，在图像窗口中绘制椭圆选区，如图 9-21 所示。选择"矩形选框"工具 ▢，在其属性栏中单击"从选区减去"按钮 ▣，在图像窗口中绘制矩形选区，如图 9-22 所示。按 Alt＋Delete 组合键，用前景色填充选区，按 Ctrl＋D 组合键，取消选区，效果如图 9-23 所示。

图 9-20　　　　　图 9-21　　　　　图 9-22　　　　　图 9-23

**STEP⑯** 在"图层"控制面板上方，将"高光"图层的"不透明度"设置为 10％，如图 9-24 所示，图像效果如图 9-25 所示。

**STEP⑰** 将前景色设置为暗棕色（其 R、G、B 的值分别为 69、62、59）。选择"圆角矩形"工具 ▢，将"半径"设置为 50 像素，在图像窗口中绘制圆角矩形，如图 9-26 所示。在"图层"控制面板中生成新的图层"圆角矩形 3"。

**STEP⑱** 将前景色设置为白色。选择"横排文字"工具 T，在适当的位置输入需要的文字并选取文字，在其属性栏中选择合适的字体并设置大小，效果如图 9-27 所示。在"图层"控制面板中生成新的文字图层。相机图标绘制完成。

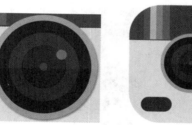

图 9-24　　　　　图 9-25　　　　　图 9-26　　　　　图 9-27

**STEP⑲** 按 Ctrl＋S 组合键，弹出"存储为"对话框，将其命名为"任务一 制作相机图标"，保存为 PSD 格式，单击"保存"按钮，弹出"psd 选项"对话框，单击"确定"按钮，将图像保存。

## 知识讲解

### 1.图层样式

Photoshop CS6 提供了多种图层样式，可以单独为图像添加一种样式，也可以同时为图像添加多种样式。

单击"图层"控制面板右上方的 ▣ 按钮，在弹出的下拉菜单中选择"混合选项"命令，弹出"图层样式"对话框，如图 9-28 所示。此对话框用于对当前图层进行特殊效果的处理。选择对话框左侧的任意选项，将弹出相应的效果面板。

还可以单击"图层"控制面板下方的"添加图层样式"按钮 fx，弹出其下拉菜单，如图 9-29 所示。

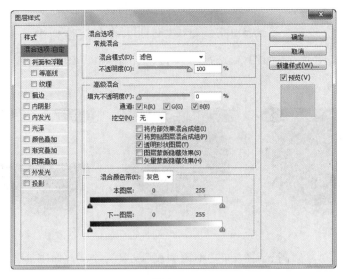

图 9-28                    图 9-29

　　"投影"命令用于使图像产生阴影效果,"内阴影"命令用于使图像内部产生阴影效果,"外发光"命令用于在图像的边缘外部产生一种辉光效果,效果如图 9-30 所示。

投影　　　　　　　内阴影　　　　　　　外发光

图 9-30

　　"内发光"命令用于在图像的边缘内部产生一种辉光效果,"斜面和浮雕"命令用于使图像产生一种倾斜与浮雕的效果,"光泽"命令用于使图像产生一种光泽效果,效果如图 9-31 所示。

内发光　　　　　　斜面和浮雕　　　　　　光泽

图 9-31

　　"颜色叠加"命令用于使图像产生一种颜色叠加效果,"渐变叠加"命令用于使图像产生一种渐变叠加效果,"图案叠加"命令用于在图像上添加图案效果,"描边"命令用于为图像描边,效果如图 9-32 所示。

颜色叠加　　　　　渐变叠加　　　　　图案叠加　　　　　描边

图 9-32

　　2. "拾色器"对话框

　　单击工具箱下方的"设置前景色/背景色"图标,弹出"拾色器"对话框,可以在"拾色器"对话框中设置颜色。用鼠标在颜色色带上单击或拖曳两侧的三角形滑块,如图 9-33 所示,可以使颜色的色相发生变化。

在"拾色器"对话框左侧的颜色选择区中,可以选择颜色的明度和饱和度,垂直方向表示明度的变化,水平方向表示饱和度的变化。

选择好颜色后,在对话框右侧上方的颜色框中会显示所设置的颜色,右侧下方是所选择颜色的HSB、RGB、CMYK、Lab 值。选择好颜色后,单击"确定"按钮,所选择的颜色将变为工具箱中的前景色或背景色。

使用颜色库按钮选择颜色:在"拾色器"对话框中单击"颜色库"按钮 **颜色库** ,弹出"颜色库"对话框,如图 9-34 所示。该对话框的"色库"下拉列表中是一些常用的印刷颜色体系,如图 9-35 所示,其中"TRUMATCH"是为印刷设计提供服务的印刷颜色体系。

在颜色色相区域内单击或拖曳两侧的三角形滑块,可以使颜色的色相发生变化,在颜色选择区中设置带有编码的颜色,在该对话框右侧上方的颜色框中会显示所设置的颜色,右侧下方是所设置的颜色的 CMYK 值。

通过输入数值设置颜色:在"拾色器"对话框右侧下方的 HSB、RGB、CMYK、Lab 色彩模式后面,都带有可以输入数值的文本框,在其中输入所需颜色的相关数值也可以得到希望的颜色。

勾选"只有 Web 颜色"复选框,颜色选择区中出现供网页使用的颜色,如图 9-36 所示,在右侧的数值框 # cc66cc 中,显示的是网页颜色的数值。

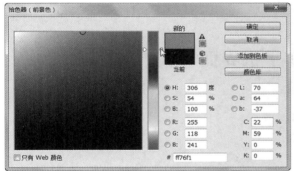

图 9-33

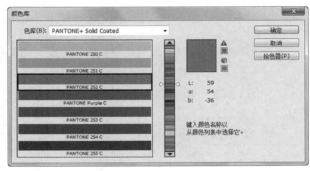

图 9-34

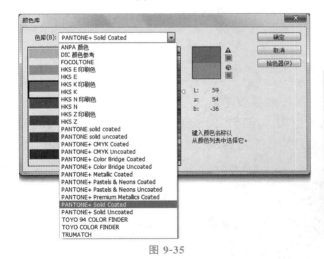

图 9-35

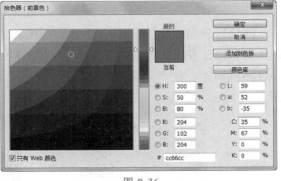

图 9-36

## 课堂演练——制作视频图标

使用"渐变"工具填充背景效果,使用"圆角矩形"工具、"椭圆"工具和"图层样式"命令绘制视频图标,使用"椭圆选框工具"制作投影效果,使用"多边形"工具绘制播放按键。最终效果参看资源包中的"源文件\项目九\课堂演练　制作视频图标.psd",如图 9-37 所示。

图 9-37

★ 微视频　　★ 微视频　　★ 微视频　　★ 微视频

制作视频图标1　　制作视频图标2　　制作视频图标3　　制作视频图标4

**任务二　制作手机界面**

### 任务分析

　　一个好的手机界面不仅要美观,还要方便人使用且合理利用颜色,当下人们使用手机的时间长,合理的颜色搭配不仅能够缓解疲劳,还可以让用户感到身心的愉悦。

### 设计理念

　　在设计和制作过程中,使用一张淡蓝色的星空图作为界面背景,给人无限的遐想和憧憬。合理的图文搭配让画面显得既紧凑又美观,充分利用了空间。运用不同的形式全方位地展示界面的美观性和协调性。最终效果参看资源包中的"源文件\项目九\任务二　制作手机界面.psd",如图 9-38 所示。

图 9-38

**任务实施**

**1.绘制手机外形**

**STEP①** 按 Ctrl＋O 组合键,打开资源包中的"素材文件\项目九\任务二　制作手机界面\01.jpg"文件,如图 9-39 所示。单击"图层"控制面板下方的"创建新组"按钮 📁,生成新的图层组并将其命名为"手机外形"。

**STEP②** 将前景色设置为黑色。选择"圆角矩形"工具 ⬛,在其属性栏的"选择工具模式"选项下拉列表中选择"形状",将"半径"设置为 100 像素,在图像窗口中绘制圆角矩形,如图 9-40 所示。在"图层"控制面板中生成新的图层并将其命名为"手机型"。

★ 微视频

制作手机界面1

图 9-39　　　　　　　　　　图 9-40

**STEP③** 单击"图层"控制面板下方的"添加图层样式"按钮 fx.,在弹出的菜单中选择"斜面和浮雕"命令,在弹出的对话框中进行设置,如图 9-41 所示。单击"确定"按钮,效果如图 9-42 所示。

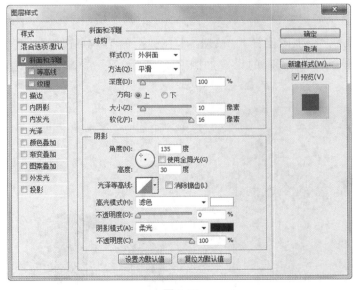

图 9-41　　　　　　　　　　图 9-42

**STEP④** 单击"图层"控制面板下方的"添加图层样式"按钮 fx.,在弹出的菜单中选择"渐变叠加"命令,弹出对话框,单击"点按可编辑渐变"按钮 ▬▬▬▬ ▾,弹出"渐变编辑器"对话框,分别设置两个位置点颜色的 RGB 值为 0(220、220、220)，31(255、255、255)，如图 9-43 所示。单击"确定"按钮，返回"图层样式"对话框，其他选项的设置如图 9-44 所示。单击"确定"按钮，效果如图 9-45 所示。

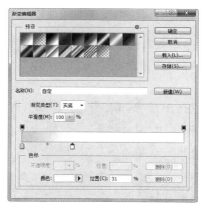

图 9-43

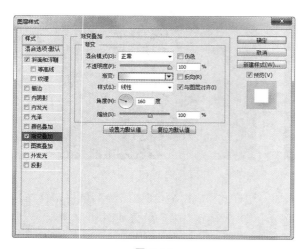

图 9-44

图 9-45

**STEP 5** 单击"图层"控制面板下方的"添加图层样式"按钮 **fx.**，在弹出的菜单中选择"外发光"命令，弹出对话框，将发光颜色设置为黑色，其他选项的设置如图 9-46 所示。单击"确定"按钮，效果如图 9-47 所示。

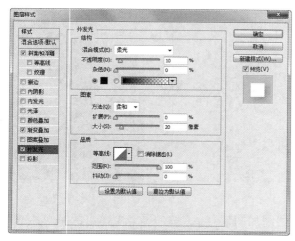

图 9-46

图 9-47

**STEP⑥** 单击"图层"控制面板下方的"添加图层样式"按钮 fx ，在弹出的菜单中选择"投影"命令，弹出对话框，其他选项的设置如图 9-48 所示，单击"确定"按钮，效果如图 9-49 所示。

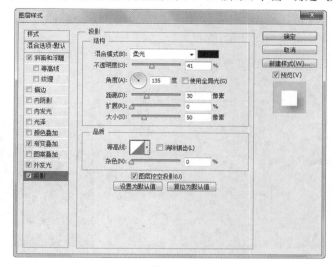

图 9-48

图 9-49

**STEP⑦** 按 Ctrl+O 组合键，打开资源包中的"素材文件\项目九\任务二　制作手机界面\03.jpg"文件，选择"移动"工具 ，将图片拖曳到图像窗口中适当的位置，效果如图 9-50 所示。在"图层"控制面板中生成新图层并将其命名为"图片"。

**STEP⑧** 新建图层并将其命名为"高光"，将前景色设置为白色。选择"钢笔"工具 ，在其属性栏的"选择工具模式"选项下拉列表中选择"路径"，在图像窗口中绘制路径，如图 9-51 所示。按 Ctrl+Enter 组合键，将路径转换为选区。按 Alt+Delete 组合键，用前景色填充选区，按 Ctrl+D 组合键，取消选区，效果如图 9-52 所示。

图 9-50

图 9-51

图 9-52

**STEP⑨** 在"图层"控制面板上方，将"高光"图层的混合模式选项设置为"柔光"，"不透明度"设置为 10%，如图 9-53 所示，图像效果如图 9-54 所示。

图 9-53

图 9-54

**STEP⑩** 单击"图层"控制面板下方的"添加图层样式"按钮 *fx.*，在弹出的菜单中选择"渐变叠加"命令，弹出对话框，单击"点按可编辑渐变"按钮，弹出"渐变编辑器"对话框，将渐变颜色设置为从白色到透明渐变，如图 9-55 所示。单击"确定"按钮，返回"图层样式"对话框，其他选项的设置如图 9-56 所示。单击"确定"按钮，效果如图 9-57 所示。

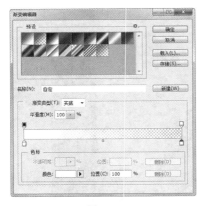

图 9-55      图 9-56      图 9-57

**STEP⑪** 按住 Alt 键的同时，将鼠标指针放在"高光"图层和"渐变"图层的中间，鼠标指针变为 图标，单击，创建剪贴蒙版，效果如图 9-58 所示。

**STEP⑫** 将前景色设置为黑色。选择"圆角矩形"工具，在其属性栏的"选择工具模式"选项下拉列表中选择"形状"，将"半径"选项设置为 15 像素，在图像窗口中绘制圆角矩形，如图 9-59 所示。在"图层"控制面板中生成新的图层"圆角矩形 1"。

图 9-58      图 9-59

**STEP⑬** 在"图层"控制面板上方，将"圆角矩形 1"图层的"不透明度"设置为 30％，如图 9-60 所示，图像效果如图 9-61 所示。

图 9-60      图 9-61

**STEP⒕** 单击"图层"控制面板下方的"添加图层样式"按钮 fx，在弹出的菜单中选择"渐变叠加"命令，弹出对话框，单击"点按可编辑渐变"按钮 ▬▬▬▬ ，弹出"渐变编辑器"对话框，将渐变颜色设置为从灰色到白色，如图 9-62 所示。单击"确定"按钮，返回"图层样式"对话框，其他选项的设置如图 9-63 所示。单击"确定"按钮，效果如图 9-64 所示。

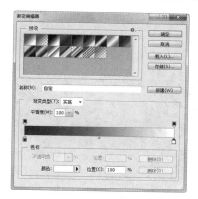

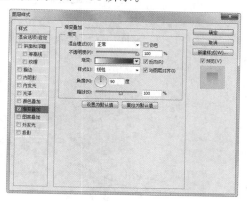

图 9-62　　　　　　　　　　　　　图 9-63　　　　　　　　　　　　　图 9-64

**STEP⒖** 将前景色设置为黑色。选择"圆角矩形"工具 ▣，将"半径"设置为 15 像素，在图像窗口中绘制圆角矩形，如图 9-65 所示。在"图层"控制面板中生成新的图层"圆角矩形 2"。

**STEP⒗** 选择"椭圆"工具 ⬤，在其属性栏的"选择工具模式"选项下拉列表中选择"形状"，按住 Shift 键的同时，在图像窗口中绘制圆形，效果如图 9-66 所示。在"图层"控制面板中生成新的图层并将其命名为"圆形 1"。

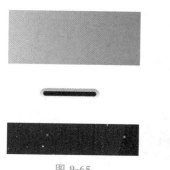

图 9-65　　　　　　　　　　　　　图 9-66

**STEP⒘** 单击"图层"控制面板下方的"添加图层样式"按钮 fx，在弹出的菜单中选择"渐变叠加"命令，弹出对话框，单击"点按可编辑渐变"按钮 ▬▬▬▬ ，弹出"渐变编辑器"对话框，将渐变颜色设置为从灰色到白色，如图 9-67 所示。单击"确定"按钮，返回"图层样式"对话框，其他选项的设置如图 9-68 所示。单击"确定"按钮，效果如图 9-69 所示。

图 9-67　　　　　　　　　　　　　图 9-68　　　　　　　　　　　　　图 9-69

STEP⑱ 选择"椭圆"工具 ⬤ ，按住 Shift 键的同时，在图像窗口中绘制圆形，效果如图 9-70 所示。在"图层"控制面板中生成新的图层并将其命名为"圆形 2"。

STEP⑲ 单击"图层"控制面板下方的"添加图层样式"按钮 _fx._ ，在弹出的菜单中选择"渐变叠加"命令，弹出对话框，单击"点按可编辑渐变"按钮 ▬▬▬ ，弹出"渐变编辑器"对话框，将渐变颜色设置为从蓝紫色（其 R、G、B 的值分别为 79、55、184）到粉紫色（其 R、G、B 的值分别为 124、3、180），如图 9-71 所示。单击"确定"按钮，返回"图层样式"对话框，其他选项的设置如图 9-72 所示。单击"确定"按钮，效果如图 9-73 所示。

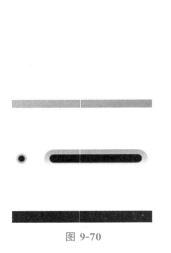

图 9-70

图 9-71

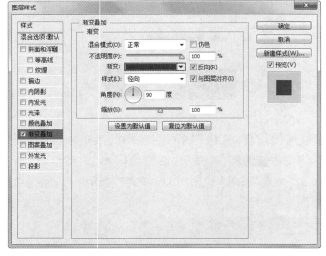

图 9-72

图 9-73

STEP⑳ 将前景色设置为黑色。选择"圆角矩形"工具 ▢ ，将"半径"设置为 10 像素，在图像窗口中绘制圆角矩形，如图 9-74 所示。在"图层"控制面板中生成新的图层并将其命名为"圆角矩形 3"。

STEP㉑ 单击"图层"控制面板下方的"添加图层样式"按钮 _fx._ ，在弹出的菜单中选择"描边"命令，弹出对话框，将描边颜色设置为灰色（其 R、G、B 的值分别为 120、120、120），其他选项的设置如图 9-75 所示。单击"确定"按钮，效果如图 9-76 所示。

图 9-74

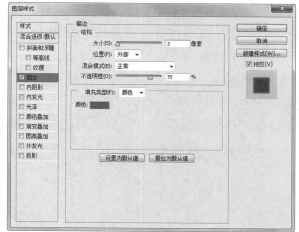

图 9-75

图 9-76

**STEP 22** 单击"图层"控制面板下方的"添加图层样式"按钮 **fx.**，在弹出的菜单中选择"渐变叠加"命令，弹出对话框，单击"点按可编辑渐变"按钮 ▆▆▆▆▆ **▼**，弹出"渐变编辑器"对话框，将渐变颜色设置为从灰色到白色，如图 9-77 所示。单击"确定"按钮，返回"图层样式"对话框，其他选项的设置如图 9-78 所示。单击"确定"按钮，效果如图 9-79 所示。单击"手机外形"图层组左侧的 ▼ 按钮，将"手机外形"图层组中的图层隐藏。

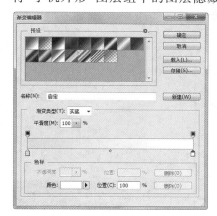

图 9-77

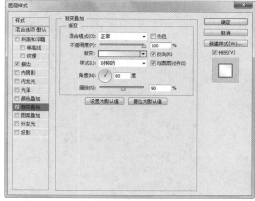

图 9-78

图 9-79

## 2.绘制状态栏

**STEP 1** 单击"图层"控制面板下方的"创建新组"按钮 ▭，生成新的图层组并将其命名为"状态栏"。选择"视图>新建参考线"命令，弹出"新建参考线"对话框，设置如图 9-80 所示。单击"确定"按钮，效果如图 9-81 所示。用相同的方法，在 12.95 厘米、13.25 厘米、13.9 厘米处新建 3 条水平参考线，效果如图 9-82 所示。

图 9-80

图 9-81

图 9-82

★微视频

制作手机界面2

**STEP 2** 单击"图层"控制面板下方的"创建新组"按钮▢，生成新的图层组并将其命名为"信号"。将前景色设置为白色，选择"椭圆"工具⬤，在其属性栏的"选择工具模式"选项下拉列表中选择"形状"，按住 Shift 键的同时，在图像窗口中绘制圆形，效果如图 9-83 所示。在"图层"控制面板中生成新的图层并将其命名为"椭圆 3"。

**STEP 3** 选择"移动"工具➤➤，在图像窗口中按 Alt＋Shift 组合键，水平向右分别复制三个圆形到适当位置，如图 9-84 所示，在"图层"控制面板中分别生成新的副本图层。

图 9-83

图 9-84

**STEP 4** 新建图层并将其命名为"空心圆"。选择"椭圆选框"工具◯，在图像窗口中绘制圆形选区，如图 9-85 所示。选择"编辑>描边"命令，弹出"描边"对话框，将描边颜色设置为白色，选项的设置如图 9-86 所示，单击"确定"按钮，按 Ctrl＋D 组合键，取消选区，效果如图 9-87 所示。单击"信号"图层组左侧的▼按钮，将"信号"图层组中的图层隐藏。

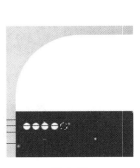

图 9-85

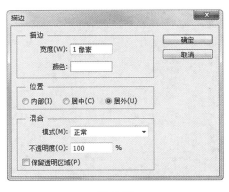

图 9-86

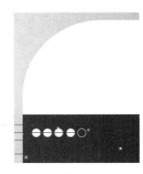

图 9-87

**STEP 5** 新建图层并将其命名为"Wifi"。选择"椭圆选框"工具◯，按住 Shift 键的同时，在图像窗口中拖曳鼠标绘制圆形选区，如图 9-88 所示。在其属性栏中单击"从选区减去"按钮▣，在图像窗口中再次绘制圆形选区，如图 9-89 所示。按 Alt＋Delete 组合键，使用前景色填充选区，按 Ctrl＋D 组合键，取消选区，效果如图 9-90 所示。

图 9-88          图 9-89          图 9-90

**STEP 6** 使用相同的方法再次绘制圆环,效果如图 9-91 所示。选择"椭圆"工具 ,在其属性栏的"选择工具模式"选项下拉列表中选择"像素",按住 Shift 键的同时,在图像窗口中绘制圆形,效果如图 9-92 所示。

**STEP 7** 选择"磁性套索"工具 ,在图像窗口中拖曳鼠标绘制选区,效果如图 9-93 所示。按 Delete 键,删除不需要的图像,按 Ctrl+D 组合键,取消选区,效果如图 9-94 所示。

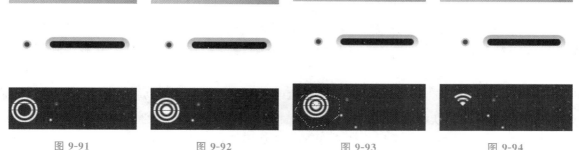

图 9-91          图 9-92          图 9-93          图 9-94

**STEP 8** 选择"横排文字"工具 T ,在适当的位置输入需要的文字并选取文字,在其属性栏中选择合适的字体并设置大小,效果如图 9-95 所示。在"图层"控制面板中生成新的文字图层。

**STEP 9** 新建图层并将其命名为"图标"。选择"自定形状"工具 ,单击属性栏中的"形状"选项,弹出"形状"面板,单击面板右上方的按钮 ,在弹出的菜单中选择"全部"命令,弹出提示对话框,单击"确定"按钮。在"形状"面板中选中图形"箭头 6",如图 9-96 所示。在其属性栏的"选择工具模式"选项下拉列表中选择"像素",在图像窗口中拖曳鼠标绘制图形,效果如图 9-97 所示。

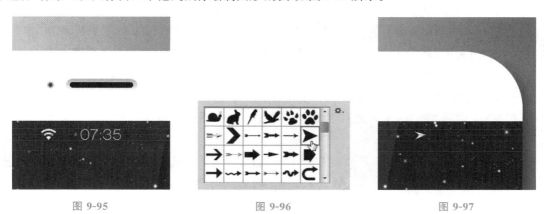

图 9-95          图 9-96          图 9-97

**STEP 10** 按 Ctrl+T 组合键,在图像周围出现变换框,将指针放在变换框的控制手柄外边,指针变为旋转图标,拖曳鼠标将图像旋转到适当的角度,按 Enter 键确认操作,效果如图 9-98 所示。

**STEP 11** 新建图层并将其命名为"闹钟"。选择"椭圆"工具 ,在其属性栏的"选择工具模式"选项下拉列表中选择"像素",按住 Shift 键的同时,在图像窗口中绘制圆形,效果如图 9-99 所示。选择"多边形套索"工具 ,在图像窗口中连续单击绘制选区,按 Delete 键,删除不需要的图像,按 Ctrl+D 组合键,取消选区,效果如图 9-100 所示。

**STEP 12** 选择"钢笔"工具 ,在其属性栏的"选择工具模式"选项下拉列表中选择"路径",在图像窗口中分别绘制路径。按 Ctrl+Enter 组合键,将路径转换为选区。按 Alt+Delete 组合键,用前景色填充选区,按 Ctrl+D 组合键,取消选区,效果如图 9-101 所示。

**STEP 13** 选择"横排文字"工具 T ,在适当的位置输入需要的文字并选取文字,在其属性栏中选择合适的字体并设置大小,效果如图 9-102 所示。在"图层"控制面板中生成新的文字图层。

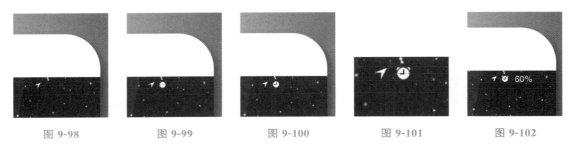

| 图 9-98 | 图 9-99 | 图 9-100 | 图 9-101 | 图 9-102 |

**STEP⑭** 新建图层并将其命名为"电池"。选择"圆角矩形"工具 ▣，在其属性栏的"选择工具模式"选项下拉列表中选择"路径"，将"半径"设置为 3 像素，在图像窗口中绘制圆角矩形，如图 9-103 所示。

**STEP⑮** 选择"画笔"工具 ✎，在其属性栏中单击"画笔"选项右侧的按钮 ▾，在弹出的画笔面板中选择需要的画笔形状，如图 9-104 所示。单击"路径"控制面板下方的"用画笔描边路径"按钮 ◎，对路径进行描边。按 Enter 键，隐藏该路径，效果如图 9-105 所示。

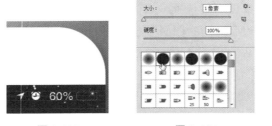

| 图 9-103 | 图 9-104 | 图 9-105 |

**STEP⑯** 选择"矩形"工具 ▣，在其属性栏的"选择工具模式"选项下拉列表中选择"像素"，在图像窗口中绘制矩形，如图 9-106 所示。选择"钢笔"工具 ✐，在其属性栏的"选择工具模式"选项下拉列表中选择"路径"，在图像窗口中分别绘制路径。按 Ctrl＋Enter 组合键，将路径转换为选区。按 Alt＋Delete 组合键，用前景色填充选区，按 Ctrl＋D 组合键，取消选区，效果如图 9-107 所示。单击"状态栏"图层组左侧的 ▾ 按钮，将"状态栏"图层组中的图层隐藏。按 Ctrl＋;组合键，隐藏参考线。

**STEP⑰** 选择"横排文字"工具 T，在适当的位置分别输入需要的文字并选取文字，在其属性栏中选择合适的字体并设置大小，按 Alt＋→组合键，分别调整文字适当的间距，效果如图 9-108 所示。在"图层"控制面板中分别生成新的文字图层。

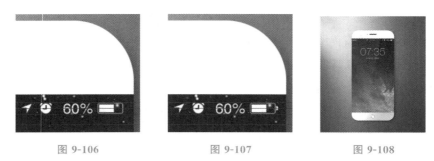

| 图 9-106 | 图 9-107 | 图 9-108 |

### 3. 绘制解锁状态

**STEP❶** 单击"图层"控制面板下方的"创建新组"按钮 ▢，生成新的图层组并将其命名为"解锁"。将前景色设置为黑色，选择"椭圆"工具 ⬮，在其属性栏的"选择工具模式"选项下拉列表中选择"形状"，按住 Shift 键的同时，在图像窗口中绘制圆形，效果如图 9-109 所示。在"图层"控制面板中生成新的图层"椭圆 4"。并将该图层的"不透明度"设置为 30%，按 Enter 键，图像效果如图 9-110 所示。

★ 微视频

制作手机界面3

图 9-109    图 9-110

**STEP ②** 单击"图层"控制面板下方的"添加图层样式"按钮 **fx.**，在弹出的菜单中选择"描边"命令，弹出对话框，将描边颜色设置为白色，其他选项的设置如图 9-111 所示。单击"确定"按钮，效果如图 9-112 所示。

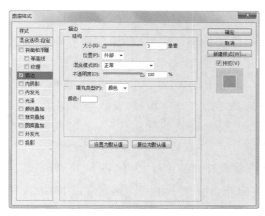
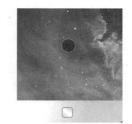

图 9-111    图 9-112

**STEP ③** 选择"圆角矩形"工具 **◯**，在其属性栏的"选择工具模式"选项下拉列表中选择"形状"，将"半径"设置为 5 像素，在图像窗口中绘制圆角矩形，如图 9-113 所示。在"图层"控制面板中生成新的图层并将其命名为"圆角矩形 4"。

**STEP ④** 新建图层并将其命名为"锁"，选择"圆角矩形"工具 **◯**，在其属性栏的"选择工具模式"选项下拉列表中选择"路径"，将"半径"设置为 3 像素，在图像窗口中绘制圆角矩形，如图 9-114 所示。单击"路径"控制面板下方的"用画笔描边路径"按钮 **❋**，对路径进行描边。按 Enter 键，隐藏该路径，效果如图 9-115 所示。选择"橡皮擦"工具 **◢**，擦除不需要的部分，效果如图 9-116 所示。

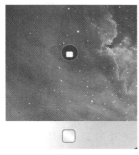

图 9-113    图 9-114    图 9-115    图 9-116

**STEP 5** 选择"椭圆"工具 ◉，在其属性栏的"选择工具模式"选项下拉列表中选择"形状"，按住 Shift 键的同时，在图像窗口中绘制圆形，效果如图 9-117 所示。在"图层"控制面板中生成新的图层并将其命名为"椭圆 5"。选择"移动"工具 ⊕，在图像窗口中，按 Alt＋Shift 组合键，水平向下复制圆形到适当位置，效果如图 9-118 所示。使用相同的方法再复制 2 个圆形，效果如图 9-119 所示。

**STEP 6** 选择"直排文字"工具 ↓T，在适当的位置输入需要的文字并选取文字，在其属性栏中选择合适的字体并设置大小，效果如图 9-120 所示。在"图层"控制面板中生成新的文字图层。单击"解锁"图层组左侧的 ▼ 按钮，将"解锁"图层组中的图层隐藏。解锁状态绘制完成。

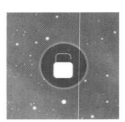

图 9-117        图 9-118        图 9-119        图 9-120

**4. 绘制应用图标**

**STEP 1** 单击"解锁"图层组左侧的眼睛图标 👁，将"解锁"图层组隐藏。单击"图层"控制面板下方的"创建新组"按钮 📁，生成新的图层组并将其命名为"应用图标"。新建图层并将其命名为"直线"。将前景色设置为深蓝色（其 R、G、B 的值分别为 2、104、142），选择"直线"工具 ／，在其属性栏的"选择工具模式"选项下拉列表中选择"像素"，将"粗细"设置为 2 像素，按住 Shift 键的同时，在图像窗口中绘制直线，在"图层"控制面板上方，将直线图层的"不透明度"设置为 60％，图像效果如图 9-121 所示。

**STEP 2** 按 Ctrl＋O 组合键，打开资源包中的"素材文件\项目九\任务二　制作手机界面\03.png"文件，选择"移动"工具 ⊕，将 03.png 图片拖曳到图像窗口中适当的位置，效果如图 9-122 所示。在"图层"控制面板中生成新图层并将其命名为"图标 1"。

★ 微视频

制作手机界面4

图 9-121           图 9-122

**STEP 3** 单击"图层"控制面板下方的"添加图层样式"按钮 fx.，在弹出的菜单中选择"投影"命令，弹出对话框，将投影颜色设置为棕色（其 R、G、B 的值分别为 34、23、20），其他选项的设置如图 9-123 所示。单击"确定"按钮，效果如图 9-124 所示。

**STEP 4** 将"图标 1"图层拖曳到"图层"控制面板下方的"创建新图层"按钮 🖻 上进行复制，生成新的图层"图标 1 副本"。按 Ctrl＋T 组合键，在图像周围出现变换框，右击，在弹出的菜单中选择"垂直翻转"命令，垂直翻转图像，按 Enter 键确认操作，选择"移动"工具 ⊕，将图像调整到适当位置，效果如图 9-125 所示。

**STEP 5** 在"图层"控制面板上方，将"图标 1 副本"图层的"不透明度"设置为 80％，图像效果如图 9-126 所示。

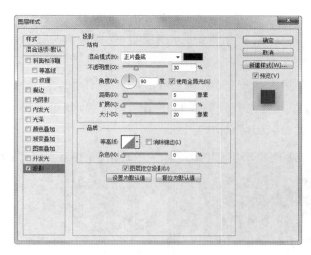

图 9-123　　　　　　　　　　　　　　　　　　图 9-124

STEP ⑥ 单击"图层"控制面板下方的"添加图层蒙版"按钮，为"图标 1 副本"图层添加图层
蒙版，如图 9-127 所示。选择"渐变"工具，单击属性栏中的"点按可编辑渐变"按钮，弹
出"渐变编辑器"对话框，将渐变色设置为黑色到白色，并在图像窗口中由下向上拖曳渐变色，效果
如图 9-128 所示。

图 9-125　　　　　　　　图 9-126　　　　　　　　图 9-127　　　　　　　　图 9-128

STEP ⑦ 将前景色设置为白色。选择"横排文字"工具，在适当的位置分别输入需要的文字
并选取文字，在其属性栏中选择合适的字体并设置大小，效果如图 9-129 所示。在"图层"控制面板
中分别生成新的文字图层。

STEP ⑧ 新建图层并将其命名为"圆形"，选择"椭圆"工具，在其属性栏的"选择工具模式"
选项下拉列表中选择"像素"，按住 Shift 键的同时，在图像窗口中绘制圆形，在"图层"控制面板上
方，将"圆形"图层的"不透明度"设置为 60％，效果如图 9-130 所示。

STEP ⑨ 选择"移动"工具，在图像窗口中按 Alt＋Shift 组合键，水平向右复制圆形到适当
位置，生成新的副本图层"圆形 副本"，在"图层"控制面板上方，将"圆形 副本"图层的"不透明度"设
置为 100％，效果如图 9-131 所示。使用相同的方法复制其他圆形，效果如图 9-132 所示。

图 9-129　　　　　　　　图 9-130　　　　　　　　图 9-131　　　　　　　　图 9-132

STEP⑩ 按 Ctrl＋O 组合键,打开资源包中的"源文件\项目九\任务二 制作手机界面\制作相机图标.psd"文件。在"图层"控制面板中选择"相机图标"图层组,如图 9-133 所示,选择"移动"工具 ,拖曳到窗口中的适当位置并调整大小,效果如图 9-134 所示。

STEP⑪ 按 Ctrl＋O 组合键,打开资源包中的"素材文件\项目九\任务二 制作手机界面\04.png"文件,选择"移动"工具 ,将图片拖曳到图像窗口中适当的位置,效果如图 9-135 所示。在"图层"控制面板中生成新图层并将其命名为"图标 2"。

图 9-133        图 9-134        图 9-135

STEP⑫ 将前景色设置为白色。选择"横排文字"工具 ,在适当的位置分别输入需要的文字并选取文字,在其属性栏中选择合适的字体并设置大小,效果如图 9-136 所示。在"图层"控制面板中分别生成新的文字图层。

STEP⑬ 按 Ctrl＋O 组合键,打开资源包中的"素材文件\项目九\任务二 制作手机界面\05.png"文件,选择"移动"工具 ,将图片拖曳到图像窗口中适当的位置,效果如图 9-137 所示。在"图层"控制面板中生成新图层并将其命名为"图标 3"。

STEP⑭ 将前景色设置为白色。选择"横排文字"工具 ,在适当的位置分别输入需要的文字并选取文字,在其属性栏中选择合适的字体并设置大小,效果如图 9-138 所示。在"图层"控制面板中分别生成新的文字图层。单击"应用图标"图层组左侧的 按钮,将"应用图标"图层组中的图层隐藏。

图 9-136        图 9-137        图 9-138

5.绘制广播界面

STEP① 单击"应用图标"图层组和时间、日期文字图层左侧的"眼睛"图标 ,将"应用图标"图层组和时间、日期文字图层图层组隐藏,如图 9-139 所示。单击"图层"控制面板下方的"创建新组"按钮 ,生成新的图层组并将其命名为"广播"。

STEP② 按 Ctrl＋O 组合键,打开资源包中的"素材文件\项目九\任务二 制作手机界面\06.png"文件,选择"移动"工具 ,将图片拖曳到图像窗口中适当的位置,效果如图 9-140 所示。在"图层"控制面板中生成新图层并将其命名为"音律"。

**STEP③** 选择"椭圆"工具 ，在其属性栏的"选择工具模式"选项下拉列表中选择"形状"，按住 Shift 键的同时，在图像窗口中绘制圆形，效果如图 9-141 所示。在"图层"控制面板中生成新的图层"椭圆 7"，并将该图层的"填充"设置为 0，按 Enter 键，如图 9-142 所示。

图 9-139

图 9-140

图 9-141

图 9-142

**STEP④** 单击"图层"控制面板下方的"添加图层样式"按钮 fx.，在弹出的菜单中选择"描边"命令，弹出对话框，将描边颜色设置为粉色（其 R、G、B 的值分别为 255、140、155），其他选项的设置如图 9-143 所示。单击"确定"按钮，效果如图 9-144 所示。

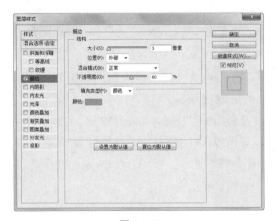
图 9-143

图 9-144

★ 微视频

制作手机界面5

**STEP⑤** 将"椭圆 7"图层拖曳到"图层"控制面板下方的"创建新图层"按钮 上进行复制，生成新的图层"椭圆 7 副本"。将"椭圆 7 副本"图层的描边样式删除，"填充"设置为 30％，如图 9-145 所示，效果如图 9-146 所示。

图 9-145

图 9-146

**STEP⑥** 选择"椭圆"工具 ，按住 Shift 键的同时，在图像窗口中绘制圆形，效果如图 9-147 所示。在"图层"控制面板中生成新的形状图层。

STEP⑦ 单击"图层"控制面板下方的"添加图层样式"按钮 fx.,在弹出的菜单中选择"投影"命令,弹出对话框,将投影颜色设置为蓝色(其 R、G、B 的值分别为 34、23、20),其他选项的设置如图 9-148 所示。单击"确定"按钮,效果如图 9-149 所示。

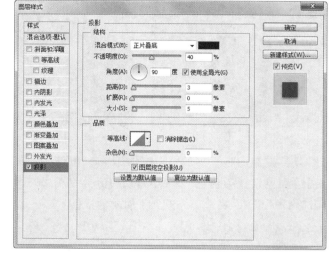

图 9-147            图 9-148            图 9-149

STEP⑧ 将前景色设置为灰色,选择"椭圆"工具 ●,按住 Shift 键的同时,在图像窗口中绘制圆形,效果如图 9-150 所示。在"图层"控制面板中生成新的形状图层。

STEP⑨ 新建图层并将其命名为"外环",将前景色设置为"白色",选择"椭圆选框"工具 ○,按住 Shift 键的同时,在图像窗口中拖曳鼠标绘制圆形选区,如图 9-151 所示。在其属性栏中单击"从选区减去"按钮 ,在图像窗口中再次绘制圆形选区,如图 9-152 所示。按 Alt＋Delete 组合键,用前景色填充选区,按 Ctrl＋D 组合键,取消选区,效果如图 9-153 所示。

   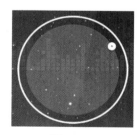

图 9-150       图 9-151       图 9-152       图 9-153

STEP⑩ 单击"图层"控制面板下方的"添加图层样式"按钮 fx.,在弹出的菜单中选择"渐变叠加"命令,弹出对话框,单击"点按可编辑渐变"按钮 ▼,弹出"渐变编辑器"对话框,在"位置"选项中分别输入 0、27、100 三个位置点,分别设置三个位置点颜色的 RGB 值为 0(137、242、255),27(187、88、138),100(77、196、226),如图 9-154 所示。单击"确定"按钮,返回"图层样式"对话框,其他选项的设置如图 9-155 所示。单击"确定"按钮,效果如图 9-156 所示。

STEP⑪ 在"图层"控制面板上方,将"外环"图层的"填充"设置为 0％,如图 9-157 所示。图像效果如图 9-158 所示。

STEP⑫ 选择"横排文字"工具 T,在适当的位置分别输入需要的文字并选取文字,在其属性栏中选择合适的字体并设置大小,分别填充适当的颜色,效果如图 9-159 所示。在"图层"控制面板中分别生成新的文字图层。

图 9-154

图 9-155

图 9-156

图 9-157

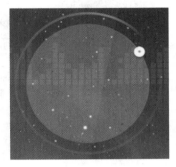

图 9-158

**STEP ⑬** 将前景色设置为黑色,选择"矩形"工具，在其属性栏的"选择工具模式"选项下拉列表中选择"形状",在图像窗口中绘制矩形,如图 9-160 所示。在"图层"控制面板中生成新的形状图层。

**STEP ⑭** 将前景色设置为白色,选择"横排文字"工具 ，在适当的位置输入需要的文字并选取文字,在其属性栏中选择合适的字体并设置大小,分别填充适当的颜色,效果如图 9-161 所示。在"图层"控制面板中生成新的文字图层。

**STEP ⑮** 单击"图层"控制面板下方的"创建新组"按钮，生成新的图层组并将其命名为"菜单"。将前景色设置为白色,选择"椭圆"工具 ，在其属性栏的"选择工具模式"选项下拉列表中选择"形状",按住 Shift 键的同时,在图像窗口中绘制圆形,在"图层"控制面板上方,将图层的"不透明度"设置为 15％,效果如图 9-162 所示。

**STEP ⑯** 新建图层并将其命名为"图形 1",选择"直线"工具 ，在其属性栏的"选择工具模式"选项下拉列表中选择"像素",并将"粗细"设置为 2 像素,按住 Shift 键,绘制三条白色直线,效果如图 9-163 所示。单击"菜单"图层组左侧的 按钮,将"菜单"图层组中的图层隐藏。

图 9-159

图 9-160

图 9-161

图 9-162

图 9-163

**STEP⑰** 单击"图层"控制面板下方的"创建新组"按钮 ▢，生成新的图层组并将其命名为"开关"。将前景色设置为白色，选择"椭圆"工具 ◯ ，在其属性栏的"选择工具模式"选项下拉列表中选择"形状"，按住 Shift 键的同时，在图像窗口中绘制圆形，在"图层"控制面板中生成新的形状图层。并将该图层的"不透明度"设置为 15%，效果如图 9-164 所示。

**STEP⑱** 新建图层并将其命名为"图形 1"，新建图层并将其命名为"图标"，选择"自定形状"工具 ✿ ，单击"形状"选项，弹出"形状"面板，在"形状"面板中选中图形"窄边圆形边框"，如图 9-165 所示。在其属性栏的"选择工具模式"选项下拉列表中选择"像素"，在图像窗口中拖曳鼠标绘制图形，如图 9-166 所示。

| 图 9-164 | 图 9-165 | 图 9-166 |

**STEP⑲** 选择"矩形选框"工具 ⬚ ，在图像窗口中绘制矩形选区，如图 9-167 所示。按 Delete 键，将选区内的图像删除，按 Ctrl＋D 组合键，取消选区，效果如图 9-168 所示。

**STEP⑳** 将前景色设置为黑色，选择"矩形"工具 ▢ ，在其属性栏的"选择工具模式"选项下拉列表中选择"像素"，在图像窗口中绘制矩形，效果如图 9-169 所示。单击"开关"图层组左侧的 ▼ 按钮，将"开关"图层组中的图层隐藏。

| 图 9-167 | 图 9-168 | 图 9-169 |

**STEP㉑** 单击"图层"控制面板下方的"创建新组"按钮 ▢ ，生成新的图层组并将其命名为"下一页"。将前景色设置为白色，选择"椭圆"工具 ◯ ，在其属性栏的"选择工具模式"选项下拉列表中选择"形状"，按住 Shift 键的同时，在图像窗口中绘制圆形，在"图层"控制面板中生成新的形状图层。并将该图层的"不透明度"设置为 15%，效果如图 9-170 所示。

**STEP㉒** 新建图层并将其命名为"图形 3"，选择"钢笔"工具 ✎ ，在其属性栏的"选择工具模式"选项下拉列表中选择"路径"，在图像窗口中绘制路径，如图 9-171 所示。

**STEP㉓** 选择"画笔"工具 ✐ ，在其属性栏中单击"画笔"选项右侧的 ▾ 按钮，在弹出的画笔面板中选择需要的画笔形状，如图 9-172 所示。单击"路径"控制面板下方的"用画笔描边路径"按钮 ❋ ，对路径进行描边。按 Enter 键，隐藏该路径，效果如图 9-173 所示。单击"下一页"图层组左侧的 ▼ 按钮，将"下一页"图层组中的图层隐藏。

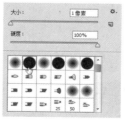

| 图 9-170 | 图 9-171 | 图 9-172 | 图 9-173 |

**STEP㉔** 使用相同的方法绘制"上一页"图形,效果如图 9-174 所示。按 Ctrl＋O 组合键,打开资源包中的"素材文件\项目九\任务二　制作手机界面\07. png、08. png"文件,选择"移动"工具 ▶╋ ,将文件分别拖曳到图像窗口中适当的位置,效果如图 9-175 所示。在"图层"控制面板中分别生成新图层并将其命名为"信号""信息"。单击"广播"图层组左侧的 ▼ 按钮,将"广播"图层组中的图层隐藏。

图 9-174

图 9-175

**STEP㉕** 按 Ctrl＋S 组合键,弹出"存储为"对话框,将其命名为"手机界面",保存为 PSD 格式,单击"保存"按钮,弹出"psd 选项"对话框,单击"确定"按钮,将图像保存。

### 6. 绘制界面展示

**STEP❶** 按 Ctrl＋O 组合键,打开资源包中的"素材文件\项目九\任务二　制作手机界面\09. jpg"文件,如图 9-176 所示。单击"图层"控制面板下方的"创建新组"按钮 ▢ ,生成新的图层组并将其命名为"广播界面"。

**STEP❷** 按 Ctrl＋O 组合键,打开资源包中的"源文件\项目九\任务二　制作手机界面\手机界面. psd"文件,在图层控制面板选取需要的图层,如图 9-177 所示。选择"移动"工具 ▶╋ ,将选中的图像拖曳到"09. jpg"文件窗口中的适当位置,如图 9-178 所示。图像效果如图 9-179 所示。使用相同的方法制作其他界面展示,效果如图 9-180 所示。

图 9-176

图 9-177

图 9-178

图 9-179

图 9-180

**STEP ③** 按 Ctrl＋S 组合键,弹出"存储为"对话框,将其命名为"界面展示",保存为 PSD 格式,单击"保存"按钮,弹出"psd 选项"对话框,单击"确定"按钮,将图像保存。

知识讲解

**1.旋转图像**

**1)变换图像画布**

图像画布的变换将对整个图像起作用。选择"图像>图像旋转"命令,其下拉菜单如图 9-181 所示。画布变换的多种效果,如图 9-182 所示。

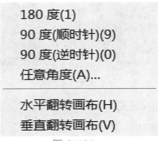

图 9-181

原图像　　　　180°　　　90°(顺时针)　　90°(逆时针)　　水平翻转画布　　垂直翻转画布

图 9-182

选择"任意角度"命令,弹出"旋转画布"对话框,选项的设置如图 9-183 所示。单击"确定"按钮,画布被旋转,效果如图 9-184 所示。

图 9-183

图 9-184

**2)变换图像选区**

在操作过程中可以根据设计和制作的需要变换已经绘制好的选区。在图像中绘制完选区后,选择"编辑>自由变换"或"变换"命令,可以对图像的选区进行各种变换。"变换"命令的下拉菜单如图 9-185 所示。

在图像中绘制选区,如图 9-186 所示。选择"缩放"命令,拖曳控制手柄可以对图像选区进行自由缩放,如图 9-187 所示。选择"旋转"命令,旋转控制手柄可以对图像选区进行自由旋转,效果如图 9-188 所示。

| 再次(A) | Shift+Ctrl+T |
| --- | --- |
| 缩放(S) | |
| 旋转(R) | |
| 斜切(K) | |
| 扭曲(D) | |
| 透视(P) | |
| 变形(W) | |
| 旋转 180 度(1) | |
| 旋转 90 度(顺时针)(9) | |
| 旋转 90 度(逆时针)(0) | |
| 水平翻转(H) | |
| 垂直翻转(V) | |

　　图 9-185　　　　　　　　图 9-186　　　　　　　图 9-187　　　　　　　图 9-188

　　选择"斜切"命令,拖曳控制手柄,可以对图像选区进行斜切调整,如图 9-189 所示。选择"扭曲"命令,拖曳控制手柄,可以对图像选区进行扭曲调整,如图 9-190 所示。选择"透视"命令,拖曳控制手柄,可以对图像选区进行透视调整,如图 9-191 所示。选择"变形"命令,拖曳控制点,可以对图像选区进行变形调整,如图 9-192 所示。

　　图 9-189　　　　　　　图 9-190　　　　　　　图 9-191　　　　　　　图 9-192

　　选择"旋转 180 度"命令,可以将图像选区旋转 180°,如图 9-193 所示。选择"旋转 90 度(顺时针)"命令,可以将图像选区顺时针旋转 90°,如图 9-194 所示。选择"旋转 90 度(逆时针)"命令,可以将图像选区逆时针旋转 90°,如图 9-195 所示。

　　选择"水平翻转"命令,可以将图像水平翻转,如图 9-196 所示。选择"垂直翻转"命令,可以将图像垂直翻转,如图 9-197 所示。

　图 9-193　　　　　图 9-194　　　　　　图 9-195　　　　　　图 9-196　　　　　　图 9-197

### 2. 描边路径

　　用画笔描边路径,有以下方法。

　　打开一幅图像,建立路径,如图 9-198 所示。单击"路径"控制面板右上方的▤按钮,在弹出的菜单中选择"描边路径"命令,弹出"描边路径"对话框,如图 9-199 所示。在"工具"选项的下拉列表中选择"画笔"工具,其下拉式列表框中共有 19 种工具可供选择。如果在当前工具箱中已经选择了"画笔"工具,该工具会自动地设置在此处。另外,在"画笔"属性栏中设定的画笔类型也会直接影响此处的描边效果。对"画笔"属性栏进行设定,设置完成后单击"确定"按钮。用画笔描边路径的效果如图 9-200 所示。

| 图 9-198 | 图 9-199 | 图 9-200 |
| --- | --- | --- |

### 3.填充路径

用前景色填充路径,有以下几种方法。

使用"路径"控制面板弹出的菜单建立路径,如图 9-201 所示。单击"路径"控制面板右上方的按钮,在弹出的菜单中选择"填充路径"命令,弹出"填充路径"对话框,如图 9-202 所示。设置完成后单击"确定"按钮,用前景色填充路径的效果如图 9-203 所示。

| 图 9-201 | 图 9-202 | 图 9-203 |
| --- | --- | --- |

"填充路径"对话框中的选项作用如下。

"内容"选项组:用于设定使用的填充颜色或图案。模式:用于设定混合模式。不透明度:用于设定填充的不透明度。保留透明区域:用于保护图像中的透明区域。羽化半径:用于设定柔化边缘的数值。消除锯齿:用于清除边缘的锯齿。

使用"路径"控制面板按钮:单击"路径"控制面板中的"用前景色填充路径"按钮 ;按住 Alt 键,单击"路径"控制面板中的"用前景色填充路径"按钮 ,弹出"填充路径"对话框。

### 课堂演练——制作 UI 界面

使用"图案叠加"命令制作背景,使用"钢笔"工具、"矩形工具"和"自定形状"工具绘制图形,使用"文字"工具添加手机界面文字,创建剪贴蒙版制作图片剪切效果。最终效果参看资源包中的"源文件\项目九\课堂演练 制作 UI 界面.psd",如图 9-204 所示。

图 9-204

**实战演练——制作音乐播放器界面**

**案例分析**

音乐播放界面和音乐一样重要,可以影响人们的心情,所以界面的表现形式也是极为重要的,要求界面整体简洁美观,板块分类清晰明了。

**设计理念**

在设计制作过程中,使用淡蓝色背景给人舒适、欢乐、放松的感觉。倾斜的白色竖条添加投影效果后突出了界面的立体感。白色的主体界面起到了衬托的作用,排列有序的板块分类元素起到丰富界面的作用。淡蓝色的文字不仅与背景遥相呼应,在白色的主体背景上也格外显眼。

**制作要点**

使用"圆角矩形"工具、"添加图层样式"命令、剪贴蒙版、图层蒙版和"渐变"工具制作歌手名片,使用"文字"工具添加歌曲信息。最终效果参看资源包中的"源文件\项目九\ 实战演练　制作音乐播放器界面.psd",如图 9-205 所示。

★ 微视频

制作音乐播放器界面

图 9-205

259

## 实战演练——制作手机 App 界面

### 案例分析

界面是人与机器互动的媒介，一个好的手机界面是集美观和功能于一体的。在调节心情的同时，可以满足用户需求。本案例要求制作一款关于美食的 App 界面，要求界面精美，功能全面。

### 设计理念

在设计和制作过程中，使用深蓝色的背景不仅给人沉稳和高端的感觉，还让食物的色彩更加鲜艳，增强顾客的食欲。图片与文字的搭配充分地利用了空间，让画面显得精致美观。运用不同的模式充分地展现了界面美观性和功能性。

### 制作要点

使用“绘图”工具、图层蒙版和剪贴蒙版制作食物展示效果，使用“绘图”工具和“文字”工具绘制各种按钮和说明性文字。最终效果参看资源包中的“源文件\项目九\实战演练 制作手机 App 界面”，如图 9-206 所示。

图 9-206

微视频 制作手机App界面1

微视频 制作手机App界面2

微视频 制作手机App界面3

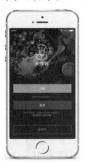

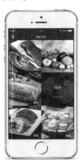

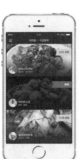